从我不配到我值得

帮孩子建立稳定的价值感

[德]乌里珂·杜普夫纳（Ulrike Döpfner）著

王一帆 译

机械工业出版社
CHINA MACHINE PRESS

图书在版编目（CIP）数据

从我不配到我值得：帮孩子建立稳定的价值感 /（德）乌里珂·杜普夫纳（Ulrike Döpfner）著；王一帆译. — 北京：机械工业出版社，2023.12（2024.10 重印）

书名原文：Der Schatz des Selbstwerts: Was Kinder ein Leben lang trägt

ISBN 978-7-111-74368-2

Ⅰ. ①从…　Ⅱ. ①乌…　②王…　Ⅲ. ①儿童心理学　Ⅳ. ① B844.1

中国国家版本馆CIP数据核字（2023）第232776号

机械工业出版社（北京市百万庄大街22号　邮政编码100037）

策划编辑：刘文蕾　　责任编辑：刘文蕾　陈　伟

责任校对：王乐廷　薄萌钰　韩雪清　　责任印制：任维东

北京瑞禾彩色印刷有限公司印刷

2024年10月第1版第5次印刷

145mm × 210mm · 12.25印张 · 191千字

标准书号：ISBN 978-7-111-74368-2

定价：69.80元（含故事手册）

电话服务

客服电话：010-88361066

010-88379833

010-68326294

网络服务

机　工　官　网：www.cmpbook.com

机　工　官　博：weibo.com/cmp1952

金　　书　　网：www.golden-book.com

机工教育服务网：www.cmpedu.com

引 言

我小时候很怕生，在陌生人面前胆怯又局促。新的环境对我来说是很大的挑战，我总是要反复确认自己有没有被别人接纳。比如，第一次去上体操协会开办的体操课前，我很怀疑自己到底可不可以去上课，母亲必须一遍又一遍地向我保证，我真的可以什么都不用做直接就去上课。在幼儿园里，我倒是能够融入集体，但不是因为自己喜欢和其他孩子一起玩，而是因为我懂规矩也守规矩。这种羞怯的感觉如影随形，它妨碍我表达和实现自己的愿望。

还记得当时有个小男孩给我留下了深刻的印象。他叫尤尔根，比我稍大一点，当时大概有五岁，长着一头金发。他简直是自信的化身。尤尔根总是高高兴兴、生气勃勃的。他开朗又坦率，大家都愿意和他一起玩。他会做出安排，分派角色，而且和所有人的关系都很好。令我记忆最深刻的是，尤尔根在一次郊游中成了中心人物，所有孩子都围绕在他身边。

自信、自我意识、自我价值，那时我还不知道这些术语，然而今天回头看来，尤尔根具备上述所有品质——他可以表达自己的愿望，能够考虑他人的诉求，还会进行积极的交流。**自信的人对“自我”有种与生俱来的理解力——他们不会纠结“我可不可以”或者“我应不应该”。对他们来说，随心而动是一件自然而然的事。**尤尔根正是这样，他与他的自我和谐一致，同他周围的环境产生联结。这正是他在人群中备受欢迎的原因。大家都想和他玩，又反过来增强了他的自信心。大人也喜欢尤尔根。如果要在一群孩子中选出一个负责人，幼儿园老师总是会让他当“小队长”。或许这也让他更加自信。

我对“自我”的感受则与尤尔根完全不同。我不敢在陌生人面前说话，明明很想加入游戏却止步不前。胆怯的感觉、“我不敢”的心态让我很难过。我常常觉得自己受到了排挤。那时我还无法理解，其实真正排挤我的人是我自己。我在这样的状态下显然无法表达自己的诉求。所以我就更加佩服那个能够自如表达、随心而动的尤尔根了。

不自信会导致一系列负面情绪的产生——悲伤、恐惧、孤独和羞耻。与之相对，自信可以带来放松、安全感、信任和行动力，而且自信还能让人更具魅力——那些“受欢迎”的孩子往往在人际交往中自信满满。大家都想和他们一起玩，所以他们可以挑选自己中意的玩伴。自信的孩子会得到来自外界的正向反馈，从而变得更加自信；而不自信的孩子从外界得到的正向反馈较少，因此会更加不自信。从外界收获正向反馈的人，会觉得自己是被人喜欢、被人爱、被人珍惜的，他的自我价值感也会得到提升。

本书希望帮助家长们树立起巩固和增强孩子自我价值感的意识，并给出相关的思路。每位读者都可以从各种建议中挑选出自己认同的或者适合自己的方法进行尝试。亲子间的联结方式是高度个性化的，不存在适合所有家庭的“万灵药”。

然而我仍然坚信，一切有助于提升自我价值感的教育都具备以下两个基础：

- **来自父母的无条件的爱。**它是每个孩子健康发展的基础。爱是铠甲，帮助孩子扛过人生中的打击。爱的表达方式不尽相同，给予孩子无条件的爱，就是为其健康的自我价值感打下地基。

- **积极乐观的想法。**人生的充实程度，取决于我们对于自我、外界和人生的想法。我们看到的既可以是半空的水杯，也可以是半满的水杯。我们对人生的态度来源于自己的想法，也就是来源于我们自己。想法促使我们产生相应的感受并做出相应的行为。一个人的所思所想能改变自己的人生——它影响着人生的快乐程度与生活质量。教会孩子对自己的人生施加积极的影响，可以促进其自我价值感的发展。

个人认为，这两项原则适用于每个孩子的教育。我将会在本书中对此做出详细的阐述。

父母永远是孩子的榜样，他们无可逃避地会成为孩子效仿的对象。因此我将在本书中频繁地探讨父母的观念、态度和行为。我主张父母应该时常从此情此境中抽离出来，检视自己的反应和态度，尽可能给孩子做出良好的示范。可是我们往往做不到这一点——毕竟人无完人，不过这本就是一种尝试，结果自然时好时坏。关键在于，要真正地去尝试，不要浑浑噩噩地受本能或惯性的支配。我们并非生来就是父母，所以必须逐渐进入父母的角色，认清自己希望如何塑造这个角色。我们的动机往往根植于自身所接受的教育和早年经历，我们经常深受其影响而不自知。所以，深入分析自己的早年经历很有帮助。这对我们的要求很高，也相当消耗心力！不过在此过程中，我们能够更加了解自身的发展历程，这也当然有助于我们和孩子建立良好的关系。

为使本书更加简明有趣，不至于过分艰涩，我单独提供了一系列适合幼儿园与小学阶段孩子阅读的故事，整理成《我就是喜欢我》故事手册。其中一些故事以适合孩子的方式探讨了本书中涉及的话题。父母可以借着与孩子共读故事的机会，与其讨论相关的话题，然后交流各自的想法，亲子之间可以由此在玩耍中展开对话。与故事有关的章节中会有相应的提示。

书中关于“如何与孩子相处”的建议和忠告都没有强制性，更不是严肃的规则。不要强迫孩子做练习或者进行对话——一定要让孩子自愿地、乐意地加入。书中所有活动的设计初衷都是营造轻松的氛围，增进亲子间的信任感和亲密度，切忌强迫和施压。

如果孩子不肯听从父母的建议，也许是因为时机未到，也有可能是地点和场合不对，又或者是当时的气氛有些别扭——孩子不配合的原因五花八门，不必总是归咎于父母的沟通方式。所以，如果某一次亲子谈话的进展不理想，请勿就此失去信心。不要放弃，但也别强迫孩子。换个时间，换个场合，或者换种气氛，再试一试。

自我价值感匮乏是导致心理问题的风险因素之一。在心理治疗中，建立自我价值感的意义重大。在德国，每年有近20%的儿童与青少年出现心理问题，也就是说，每五个孩子中就有一个受到心理问题的困扰。然而只有5%的未成年人接受过心理治疗。自2020年年初以来，新冠疫情使得德国儿童与青少年的心理健康状况雪上加霜——疫情暴发十个月以后，近三分之一的儿童仍然存在心理状况异常的表现。良好的自我价值感是保护孩子心理健康发育的重要因素。增强自我价值感的教育，可以从人生初始就为孩子减轻诸多个人层面和社会层面上的痛苦。

在为儿童和青少年进行心理治疗的工作中，我在提升儿童与青少年自我价值感方面积累了宝贵的经验。只有当孩子对自我价值不再抱有怀疑时，他[一]才可能接受各种旨在改变其不当的（所谓“不当”，指的是对自身和外界造成困扰与

㊀ 为了保证阅读的流畅性，书中不分性别，统一用“他”代指孩子。——编者注

伤害）观念态度或行为模式的心理疗法。因此，巩固自我价值感是心理干预行之有效的必要条件。作为心理医生，我非常清楚，通往每个孩子内心的方式各不相同，如果想要帮助他，就必须把握这个孩子的人格特点。即便身为父母的我们以为对孩子从里到外都了如指掌，也仍然要努力保持对孩子的好奇心，并不懈地探索自己的孩子到底是谁，是一个什么样的人。我们应当经常扪心自问：我的孩子真的就是我以为的那样吗？我对孩子这样那样的评判会不会只是自己的一厢情愿？孩子会不断经历人生的新阶段——他们的人格也处在发展过程中，并非一成不变地刻在磐石之上。

在很多情境下，即便是最为孩子着想的父母也意识不到自己对孩子怀有某种期望（比如期望孩子合群、上进、好胜、擅长运动或音乐……），而且会尽可能把孩子朝那个方向引导，却忽略了去认识他真实的自我。然而要巩固孩子的自我价值感，就要认识并接纳他们的个性。

如今我的三个儿子都已接近成年。作为母亲的我，自然是没能践行自己在本书中写到的所有建议。书里好些内容，是我在年轻时还未领悟到的。很多心得必须随着年龄的增长和经验的积累方能获取。在写书的过程中，一些与儿子们相处的点滴浮现于脑海。我多么希望能够重来一次，希望孩子们面对的是今天这个更加平和放松、育儿经验也更加丰富的我。

诚然，“大孩子们”的母亲可以从容地写下大篇建议，而年幼孩子的父母却要在尿布、失眠、哭闹、职场压力和夫妻关系的夹缝中艰难求生，书上的办法实施起来的确不太容易。带孩子的日常很美好，但又让人心力交瘁，不可能事事都顺心如意，就连我们自己的行为也常常与愿望相悖，这很正常，天下父母都会有这样的经历。我认为最重要的不是力求完美，而是要树立自己的教育理念——只要大方向清晰且稳定，孩子就会注意到我们在努力地理解他们，并且感受到我们坚定不移的关怀和爱。家庭的情感基础由此得以夯实，它能够帮助我们顺利战胜冲突和渡过难关。

对于我们家长来说，当下的状态就是最好的状态。关键在于，即便是在家庭的艰难时期，为人父母也不可以止步不前。我们不能灰心丧气，必须坚持不懈地反省和提升。还有，不仅要善待孩子，也要善待我们自己。

目 录

06 第六章 高分不是一切

07 第七章 社交媒体——自我展示时代的自我关照

08 第八章 当自我价值受到挑战

09 第九章 来自父母的爱——为孩子打开自爱的大门

01 第一章 什么是自我价值

Was Ist Eigentlich Selbstwert?

镇定自若

一所中学里的初一年级法语老师询问同学们，有谁愿意作为学生代表向前来德国交换学习的法国班级致欢迎词。教室里一阵沉默，没有人主动举手。大家都避开了老师的目光。这毕竟是在众多听众面前发表演讲，而且还要说法语！过了一会儿，蕾奥妮举起了手：“好吧，我来。”之后她不慌不忙、友好坦诚地作为学生代表向来自法国的客人们表示欢迎。整个演讲中，她的表现不至于过分紧张和激动，台风镇定自若，举止自然得体。

“镇定自若”的意思是，一个人在不同的社交场合中表现得落落大方、不卑不亢，举止自然得体。镇定自若的孩子能够毫不忸怩地与人交往，也知道应该如何得体地应对不同的交际情境。所谓的交际情境，不一定都像上述事例中一样需要很强的能力。孩子在日常生活中也会遇到各种各样的社交场合，他们需要根据不同的场合做出恰当的反应。无论是在学校和其他孩子组队做小组作业，课间和同学们一起玩耍，还是在游乐场上遇到了新来的小伙伴，在协会里参加团体运动，或者是下午和朋友们相约见面——这些情境都需要孩子们能够镇定自若、礼貌得体地与他人交往。

自信

新学年开始了，本和艾利克斯都转学到了新学校，开始上五年级。面对新学年，本兴高采烈、充满期待，艾利克斯则有些紧张，还担心自己的功课能不能跟得上。虽然两人的学习成绩不相上下，本心里想的是：我的学习应该能跟上，新的科目也没问题——毕竟之前所有的考试自己都通过了。艾利克斯想的是：但愿我能跟上，我有点害怕新开的学科。虽然之前的考试也都通过了，但是现在各科越来越难了，学习内容也越来越多了——希望我在新学校里能一切顺利。本自信满满地开始了新学年，而艾利克斯则对自己的能力有所怀疑。

“自信”与能力相关——自信指的是一个人对自身的能力有信心。一个人在某一件事情上的成功经验越多，对自己在这方面的能力就越有信心。成功可以增强自信心。自信很大程度上取决于人的自我要求。如果一个人对自己的要求非常高，那么尽管他客观上获得了成功，做出的成绩也相当亮眼，但是他可能依旧对自身能力缺乏足够的信心。比如完美主义者总是对自己提出很高的要求，他必须付出巨大的努力才能勉强符合自我预期，有时甚至根本无法达到他的自我要求。他们永远觉得自己不够好，持续怀疑自己所取得的成就，并且为此一遍又一遍地进行检查和纠正。因此他们很难对自己的能力充满信心。每个人对自我的要求和对个人成就的要求不尽相同，这也就解释了为什么不同的人对成功有不同的感受。同样的成绩对一个孩子来说可能是巨大的成功，而对另一个孩子而言则只是勉强及格而已。

自信的孩子勇于尝试，并且相信自己可以做到想做的事情。他们对自己的能力有期待：他们信任自己的能力，所以相信自己可以克服可能出现的困难，然后达到自己设定的目标——上述例子中的本就是这样的孩子。

自我意识

在学生会主席竞选环节中，各位候选人要依次进行自我介绍。莱拉能够说出自己的长处和不足："我性格开朗，朋友众多，学习成绩优良，乐于为他人服务。"

她还说："我常常赶在最后关头才处理自己应该做的事情，所以有时候会非常抓狂。有时候我也有点太喜欢出风头了。"

莱拉的表现体现出，她具有自我意识。

"自我意识"有两层含义，一是指主动对自己的个性进行探索和认知。一个有自我意识的人能够意识到，“我”是谁——比如“我”在想什么，“我”的感受怎么样，“我”有能力做什么，没有能力做什么，“我”的需求是什么，“我”如何与他人和谐相处。内心活动和外部因素共同决定了这些认知过程。孩子对自我的认识除了来源于亲身经历和自己的思考，在很大程度上还来自与他人的互动——尤其是与父母和兄弟姐妹的互动，当孩子的社交范围逐渐扩大之后，他与朋友、老师、幼儿园保育员以及其他人的互动也会影响他对自我的认知。孩子通过其他人对自己的反馈塑造了自己心中的自我意象[一]。孩子的年龄越小，就越看重身边对他们来说意义重大的成年人的评价。

具有该意义上的自我意识（主动探索和认知自我个性）的孩子对自身可以做出恰如其分的评价。他明白自己是谁，自己喜欢什么，不喜欢什么，什么东西对他来说很重要，他对其他人会产生什么样的影响。他对自我的觉察能力很强，可以对自己的情绪进行分类。他不仅会感觉到“很好”“一般”或者“糟糕”，还能感受到自己的悲伤或愤怒，或者可

㊀ 心理学术语，指一个人内在的自我图像，即他认为别人怎么看自己。——译者注

以分辨出喜悦与骄傲。

“自我意识”的另一个含义是，相信自身的价值和能力，这个意义上的“自我意识”也包括了“自信”的内涵。孩子如果具有这种意义上的自我意识，他就会相信自己，自信而乐观地看待自己的未来。莱拉之所以自信满满地去竞选学生会主席，是因为她相信自己适合这个职位，而且确信很多同学会投票给她。

在日常交流中人们常常把“自我意识”和“自我价值感”用作同义词。

自我价值

体育课上分小组活动时，体重有些超重的利奥波德又落了单，没有人选他当队友。利奥波德已经习惯了。他知道：我不是体育最好的，对团队没什么贡献。但是我也知道，同学们还是喜欢我的，因为我是一个很好的朋友。我可靠、勇敢又有趣。我机智的笑话经常把其他人逗得哈哈大笑。在体育方面我确实一窍不通，可我有其他的强项。就算我身材不算健美，也不擅长体育运动，总的说来我还是很喜欢自己的。虽然我有点胖，可我的脸长得蛮好看，穿得也很酷。体重超重、不擅长体育，这些都无损于利奥波德总体来说十分稳定的自我价值感。

“自我价值”指的是人赋予自身的价值。这里涉及的是人对自身的态度，以及如何接纳并评价自身的缺点和强项的问题。自我价值来自人对自身能力、特质和总体性格上的评价。它既来源于自我与他人的对比，还来源于现实中的自我与理想自我之间的对比。

拥有良好自我价值感的人，能够感受到自我的价值。
他既不会自视过高，也不会妄自菲薄。
他接纳自己，珍视自己。

自我价值会影响一个人的思维、情感和行为。具有良好自我价值感的孩子感到自己是被人爱的，也喜爱自己本来的模样。他不会通过伪装自己、勉强自己或是证明自己来换取他人的接纳与喜爱。他的言行出于本真，而且仍然能获得他人的认可和喜爱。当一个人本来的模样被他人接纳和喜爱时，他的自我价值感就会增强，“我爱你，因为你是你。你本来的样子就十分独特与美好”。

镇定自若、自信、自我意识和自我价值都属于性格范畴，它们互相补充，从而构成了每个人独一无二的性格特点。因此，一个孩子即使在学业上缺乏自信，但他认识到自己是一个乐于助人、待人友善的人，也因此受到身边人的喜爱和欣赏，他仍然可以具有良好的自我价值感。

有的孩子能够在社交场合表现得镇定自若，但他也可能因为诸如被人拒绝的经历而觉得自己不值得被爱，从而缺乏自我价值感，即使他拥有良好的社交能力，在众人面前能够表现得淡定从容。

在陌生的社交场合中表现得羞涩忸怩的青少年依然可能对自己的学习成绩充满自信，因为他的学习成绩一贯优秀。尽管如此，他还是可能缺乏自我价值感，因为他觉得自己不擅交际、不受欢迎，而同龄人的认可对他来说又非常重要，比学习成绩重要得多。

我们谈到自我价值时往往会把它称作“自我价值感”，虽然严格来说，自我价值不是一种感觉，不过它的确和感觉有关。我们都希望自己的孩子能够拥有自我价值感，因为它总是与一系列宜人的感觉相伴出现，比如健康快乐、喜悦、信任和安心等，它们都来自对自我的接纳和自尊。而自我价值感缺乏则与诸多负面感受相关，例如恐惧、悲伤、胆怯、愤怒、羞耻和不安。

自我价值感部分取决于人的禀赋，从某种意义上来说，它是与生俱来的。不过更关键的是，自我价值感也来自于人生经历。其中最重要的经历当属孩子从父母那里体验到的爱。如果孩子感到父母无条件地爱着自己，他的自我价值感就会得到巩固和加强。之后孩子还会经历来自诸如幼儿园保育员、老师和同龄人的接纳或拒绝，这些经历也会对他的自我价值感产生影响。被他人接纳的孩子会比经常被拒绝的孩子发展出更强的自我价值感。

强烈的自我价值感是人格健康发展的有力支柱。它对交友和亲密关系、学业成绩和职场成就以及心理健康都会产生积极的影响。而低自我价值感在社会关系、学业、职场和抑郁程度等方面，都是一项风险因素。

拥有自我价值感很重要

伯尔尼大学的发展心理学家乌尔里希·欧特教授对自我价值感进行了研究。他发现，自我价值感从学龄前至 10~12 岁期间一般呈增长趋势，进入青春期后停留在之前的水平。人们往往认为，在经常遭遇怀疑和某些危机的青春期，自我价值感会下降，然而研究结果显示，自我价值感即便在青春期内也保持稳定。自我价值感通常会在青春期末期和成年期持续上升，直到六七十岁。在此期间，一些人生大事会对自我价值感产生或正面或负面的影响，比如开始或结束一段亲密关系，罹患重病等。不过总体而言，自我价值感在成年以后呈上升趋势。随着年龄的增长，人们似乎通常会找到适合自己的生活方式，这也许是自我价值感增强的原因。步入老年以后，自我价值感一般会下降，因为这时人的健康状况恶化，人的独立性变得有限或者完全丧失独立性。

研究结果还表明，父母的教育方式很大程度上决定了孩子日后的自我价值感。研究证实了许多人的猜想：父母在孩子的自我价值感培养上扮演了奠基性的角色。父母对孩子的教育方式、沟通方式和交往方式对孩子的自我价值有巨大的影响，而自我价值是孩子成长过程中起到保护和推动作用的重要因素。通过评估各种长期调研的研究结果，欧特教授得出结论：高度的自我价值感对孩了未来人生中的亲密关系和职业生涯有利，而且对孩子的健康也有积极的影响。

接下来我将阐明，为什么说帮助孩子建立良好的自我价值感是父母能够给予子女的最好的礼物。首先，我会概述为什么强大的自我价值感对孩子人格的健康发展具有重大意义。

具有良好自我价值感的儿童和青少年能够更好地挖掘自身的潜能。缺乏自我价值感的孩子害怕失败，因为失败会削弱他们本就脆弱的自我价值感。他们通常表现得消极被动，避免风险，拒绝挑战。因为胆小，他们只愿意做完全在自己能力范围内的事情。面对之前没有遇到过的任务，他们往往会选择退避——“反正我也做不到”“没必要去尝试”“我太傻 / 太慢 / 太笨了，做不了这件事，还会让自己丢脸”。具有良好的自我价值感的儿童和青少年则乐于迎接挑战。潜在的失败也不会阻止他们去尝试自己想做的事情。他们明白这个道理：“即便我没能成功，天也不会塌下来，至少我做出了尝试。”

具有良好自我价值感的儿童和青少年能够恰当地处理人际关系。缺乏自我价值感的孩子可能把贬低他人当作获取良好自我感觉的策略，“琳达长得胖，动作又笨拙，我比她敏捷多了”，这种处世方式会伤害他人的感情，绝非人际交往的良好基础。自我价值感低的孩子的另一种人际交往模式就是回避社交——因为他们觉得自己不够有价值、不够好，所以不敢与其他孩子建立关系。“没人会喜欢我的”“我和别人都合不来”“我更喜欢一个人待着”。总之他们要么贬低他人，要么贬低自己，无法经营一段健康的友谊，甚至不能处理好一般的社交关系。具有良好自我价值感的孩子既不会贬低他人，也不会贬低自己。他们能够恰如其分地与其他孩子交往，这是建立良好人际关系的基础。

具有良好自我价值感的儿童和青少年不会盲目从众。他们有自己的方向和价值体系。他们清楚，对自己来说，什么重要，什么不重要，而且也能践行自己的想法。良好的自我价值感有助于他们独立做出与自己的观念和价值观相一致的决定。这就意味着，即便其他所有人都在霸凌某一个小孩，具有良好自我价值感的孩子也不会跟风照做。具有良好自我价值感的青少年可以抵御来自群体的压力——即使其他所有人都在抽大麻或者吸食别的毒品，他们也会与毒品保持距离。具有良好自我价值感的儿童和青少年会按照自己的想法使用社交媒体，不会仅仅因为觉得这样做会在同龄人中受欢迎，就在社交媒体上发布一些他们其实不愿意发布的内容。

具有良好自我价值感的儿童和青少年会重视自己。对于一件有价值的物品，人们会格外小心和注意。这个道理适用于贵重物品，比如奶奶传给自己的首饰、高级定制服饰或者崭新的家具。人们小心翼翼地维护这些物品，因为它们具有很高的价值，一旦出现刮痕、污渍或者破损，就会造成很大的经济损失。这样的损坏会让物品所有者十分懊恼。对于人而言也是如此：如果一个人感到自己是有价值的，他就会重视自己，顾惜自己。

自我价值感低的孩子容易成为虐待行为的受害者。他们感受不到自我的价值，渴望得到来自他人的关爱、认可和重视。对他们来说，任何形式的关系都能提升他们的自我价值，所以有些自我价值感低的孩子，在一段关系中遭受到虐待时很难保护自己。

当有人越过了他们的自我边界时，自我价值感高的孩子有能力及时说“不”。受到他人的贬低和侮辱时，他们愿意且能够保护自己，并且与他人划清界限。

具有良好自我价值感的儿童和青少年更加积极主动。缺乏自我价值感的孩子往往会觉得自己没什么用，自己的观点无足轻重，自己的行动无济于事。这样的观念使得他们的态度消极被动——既然觉得自己和自己的行动都没什么价值，他们就会避免努力地、主动地去做某事，“反正都不会有结果，何必费这么大的劲呢”“我还能怎么办呢”。自我价值感高的孩子知道，他们可以推动事情的进展。他们知道，通过自己的行动可以改变和塑造外物。他们知道，自己可以影响自己的人生。所以他们积极主动，“我知道我可以带动别人，所以我要参加学生会的竞选。”

具有良好自我价值感的儿童和青少年可以从批评中提炼出建设性的意见。自我价值感低的孩子很容易产生自我怀疑，他们的自尊心也很容易受到伤害，因为他们给自己的爱太少了，不足以支撑他们面对别人的批评。心理脆弱的人更难以从批评中提炼出建设性的意见。批评会从根本上动摇这类孩子的信心，他们会因为他人的批评而质疑自己整个人的存在价值，“我就知道我什么都做不好”“没人喜欢我”。具有良好自我价值感的孩子能够更加就事论事地看待批评。他们不会质疑自己整个人，而是会去分析批评的要点，“说得没错，我确实喜欢打断别人，这个得改正——别人打断我的时候，我也不高兴”。正确对待批评可以使人进步，因为能够正确对待批评的孩子才有可能改正不当的观念态度和行为模式。

具有良好自我价值感的儿童和青少年能够安心地做自己。自我价值感低的孩子并不确定自己究竟处于什么样的位置，所以他们必须通过时时刻刻与他人比较，才能找到自身在社会中所处的地位。他们根据他人的尺度来调整自己，因为他们无法完全信任自己，也不知道自己和自己的感受、态度、思想、行为正确与否。这种基于不安全感的行为模式非常消耗心力，令人筋疲力尽，而且让人处于不自由的状态下，因为采用该行为模式的人总是依赖于他人的行为和想法，“如果娜拉会晚点去生日派对，那我也晚点去。我可不想一个人去得太早”。具有良好自我价值感的孩子接纳自己，喜爱自己。他们不需要通过时时与他人比较来检验自己在社会中的地位，也不会始终根据别人的状况来判断自己“正确”与否——他们听从自己的直觉，相信自己。他们不会在磨人的攀比和调整上耗费心神，因此有更多精力去关注对自己来说真正重要的事情。“生日派对一开始我就去，我喜欢早点到，什么都不想错过。”

具有良好自我价值感的儿童和青少年能够真实地做自己。自我价值感高的孩子会表现出自己本来的模样。他们不需要通过伪装和掩饰来讨取父母或者他人的欢心。自我价值感低的孩子表现出的往往不是真实的自我。他们会竭力假装成自以为的符合他人期待的样子，“我难过的时候，妈妈老是叫我振作起来。所以我一定要一直高高兴兴的，不能表现出难过的样子”。一旦孩子不能或者不被允许展现出真实的自我，就更容易出现行为异常和心理疾病。

能够活得真实，并且感觉到真实的自我被人爱着，是养成健康的自我价值感的基础。

支撑孩子的力量

如果说自我价值感意味着接纳自己、喜爱自己本来的模样——既接纳自己所有美好的过人之处，也接纳那些或许令人伤脑筋的缺点——这意味着要经历两个过程：

- 我必须认识到自己所有的长项和短处、闪光点和阴暗面、偏好和反感的事物，还要认识到人生中什么东西对自己来说很重要，认识到自己的快乐与悲伤，认识到自己的大气概和小心思——总之，就是要认识到“使我成之为我”的一切。
- 这样认识了自己以后，我感到自己非常珍贵，能够充满爱意地与自己相处。

认识自己，从大体上接纳并欣赏自己，并不意味着自己身上不存在任何自己不喜欢的地方，而是我们不喜欢自己的地方占比不大。它们是存在的，而它们的存在对我们来说是可以接受的。这里涉及对自我在一定程度上的包容，就像我们会包容我们所爱的人一样。

父母可以在上述两个过程中为孩子提供支持：他们可以帮助孩子探索、表达并接受自己的个性。他们可以给予孩子真实地做自己的空间，让孩子不必因为得不到无条件的接纳，就通过伪装或委屈自己的方式来博取他人的接纳。父母还可以告诉孩子，爸爸妈妈喜爱并接纳真实的他。对孩子来说，父母的爱是生死攸关的大事。如果父母告诉他，他原本的样子就很好，他不用做任何事就能够得到父母的爱，这就为实现孩子积极的自我接纳和培养稳定的自我价值感打下了基础。

在接下来的章节中，我会更形象地讲解，父母如何在孩子建立自我价值感的过程中提供支持。因为这毕竟和养育孩子的日常有关。作为家长的我们用心良苦，也了解自身行为的意义。但是怎样才能把观念付诸实践呢？我将在本书中提供一些适用于日常生活的建议、灵感和亲子交流的话题，希望能够拉近亲子距离，给孩子和家长带来一些乐趣。

第二章 02

寻找宝藏：如何帮助孩子发现自我价值

Schatzsuche:
Wie Wir Kinder Beim Entdecken Ihres Selb-St Unterstützen

具有良好自我价值感的孩子会遵循自我的意识行事——总体来说，他们是根据自己的（而非他人的）需求、愿望、态度、想法和价值观来指导自己的行为。他们会凡事靠自己。要具备自我意识，首先必须认识自己。我是谁？我喜欢什么？什么对我来说是有价值的？什么对我来说是无法忍受的？我喜欢和谁待在一起？对于上述以及其他诸多问题的回答，能让我们感受到自我的存在。一定要培养出孩子的这种自我意识。新生儿依旧以为自己和抚养者是一体的，两三个月以后，他才会感知到他的身体是属于自己的。之后他对自己身体的感知会越来越强烈，于是孩子开始体会到自己是一个能够独自做出行动、拥有自我意志的人。最早在一岁半时，孩子开始能认出镜中的自己。在那之前，他会以为镜中自己的影像是另一个小孩。大概两岁半时，孩子开始能够用人称“我”来表达自己的想法。

早年的经历会对孩子与他人之间的联结感产生深刻的影响，它影响着孩子是否能养成安稳的联结感。其中起决定作用的是孩子与其主要抚养者之间——多数情况下是母亲或者父亲——的依恋类型。抚养者是否能够理解并及时地满足婴儿的需求，比如饿了、渴了、累了或者想活动一下？抚养者是否能够敏锐地察觉到婴儿的情感，比如愤怒、喜悦、悲伤和无聊，并且采取合适的应对方式？抚养者能否通过肢体上的亲密接触传达安全感和庇护感？他们是否能恰当地与婴儿进行语言沟通和非语言沟通？抚养者用什么样的音调和婴儿说话？用什么样的神情面对婴儿？他们的神情传达的是关怀、温暖和爱意，还是疏远、焦虑或不悦？他们对婴儿的关心是持续而可靠的，还是断断续续、难以预测、喜怒无常的？一旦孩子表达出任何情感，他们能够迅速地做出回应吗？孩子知不知道，如果他摔倒了、磕碰到了或者有其他不愉快的体验时，妈妈或者爸爸一定会安慰自己？上述所有因素共同决定了孩子是否能产生联结感和安全感，是否能拥有所谓的“原初信任”。与父母之间安稳的联结感是孩子的安全港湾，他对世界的探索就从这里启航，并且他可以时时回到这个港湾中休息。

与父母之间安稳的联结感是孩子健康发展的基础。

如果孩子感到自己与父母之间的联结是安稳的，他就能够自主地进行探索和学习，这有助于他认识周边环境，发展自我意识。我们可以在这个过程中为孩子提供支持。

让孩子参与安排自己的人生

我们有时会看到一些衣着“狂野”的小宝宝——两只袜子不一样，服装搭配也不按常理出牌：条纹毛衣外面再套一件花T恤，大夏天里穿格子衬衫和百褶裙，再搭配一双橡胶靴。有的小男孩戴发卡或者穿裙子，有的小女孩剪寸头。他们穿着或顶着自己挑选的、不那么符合成人世界主流审美的衣服和发型，自豪地跑来跑去。比较专制的教育模式注重培养孩子的服从性，并不重视孩子的个性发展，对个人的需求和好恶不甚关心，因为孩子最要紧的是要“履行责任”，而履行责任与个性差异无关。如果我们希望把孩子教育成一个具有自我意识的人，那么培养孩子对自我的感受就非常重要。当孩子有机会思考自己，思考自己的愿望、不喜欢的事物和需求时，当他讲述自己的事情或是自己做出的决定时，他都在学着感受自我。要培养孩子的自我意识，关键是要给他大量尝试的机会，让他自己去发现自己喜欢什么，不喜欢什么，并且相应地表达出自己的想法和感受。

父母——孩子最爱的人——对孩子本人真正地感兴趣，对孩子来说是最美好和最重要的事。父母用自己积极关注孩子的态度向孩子传达出这样的信息：你对我们来说很重要，我们对你，对你的一切都很感兴趣。这样孩子就能感受到父母的爱和他们对自己真正的兴趣。其实父母是在告诉孩子：你很有价值，非常珍贵。

鼓励孩子自己做决定

在日常生活中的诸多细节上，家长都可以根据孩子的年龄给他留出自己做决定和自己安排的空间。

我们想让孩子每顿晚饭都吃点蔬菜？那么可以让孩子自己决定，是想吃水煮菜还是沙拉，或者他可以决定自己要吃的蔬菜的颜色：绿色、红色、橙色、白色……

我们希望孩子早上能够按时起床，有充裕的时间吃早餐？那么可以让孩子选择，到底是提前一刻钟叫他起床，允许他听着音乐赖会儿床，还是晚一点再叫醒他，但是必须立刻起床。

“你想穿这件蓝毛衣还是那件红毛衣？”“你更喜欢在可可里加热牛奶还是冷牛奶？”“我们是去游乐场玩还是去公园里玩？”当孩子需要在不同的选项之间做出选择时，他（她）就会思考自己喜欢什么，不喜欢什么，然后再为自己做出决定。

只要条件允许，要始终留给孩子选择的空间。

自由的选择权可以促使孩子认识自己的个性，孩子由此体会到自己是一个独立的个体。我们在日常生活中的几乎每一个决定里，都存在留给孩子自由选择的空间。让孩子为了做决定而思考，会让他们感到很有乐趣，也能激发他们的创造力，还会让即使是年龄很小的孩子也觉得自己可以安排自己的事情。这样孩子从小就能认识到，他们可以改变并安排自己的生活。他们有了自己做决定的意识，有助于增强他们对自己人生的掌控感和自我意识。我们留给孩子的选择空间越大，他就越有可能积极主动地自己想办法，并且将其付诸实践。我要感谢孩子们为我提供了科技、音乐和文化上的前沿资讯，如果不是他们，我是不会了解到这些新事物的。我从孩子们给我看的视频、博客或者社交媒体中了解了当下的流行趋势、新锐艺术家和潮流先锋，并且惊讶于孩子们以何等的创造力和热情吸收着他们感兴趣的新事物。

“可是老是让孩子做决定太麻烦太浪费时间了”，也许有读者会这么说。其实完全不用担心时间的问题。整体看来，这种方法并不费时，因为孩子和家长一起做出了决定，所以他们会更加配合，也就节省了时间。在这种情况下，孩子和家长不会把时间浪费在争执上——孩子有可能抗拒由家长做出的决定。然而让孩子多做决定（当然要视孩子的年龄和具体情况而定）的教育方法需要父母具备这方面的意识——对家长来说，替孩子做决定更省事，这样就不必考虑可以给孩子提供哪些选项了。所以我认为，鼓励孩子自己做决定的教育理念不一定更花时间，但是需要家长时时留心，所以也不能说它是毫不费力的。

增强孩子的自我价值感会产生很大的积极影响。而且家长的这种态度有利于增进亲子关系，因为家长与孩子在进行平等的沟通，孩子会感到自己得到了认真对待，受到了父母的重视。他会注意到父母对自己的感受和判断充满兴趣。而且我认为起决定作用的一点是：用这种方式进行亲子互动可以带来更多乐趣。孩子能够由此探索自我，发现自己的喜好，父母也能跟着孩子一起探索，并且从孩子的个性中得到更多教育的灵感。

如果父母经常替孩子做决定——从家长的角度来说都是为了孩子好——而且如果孩子也习惯了父母替自己做决定，那么他就会满足于这种模式。然而这样会导致孩子养成被动服从的态度，不能激发孩子意识到自身的独特性，因为他学到的都是按照他人的意愿行事。有自我意识的人能够察觉到自己的个性，而且与之保持良性关系——他的父母告诉过他：你就是你，你是独一无二的，你就是这样的你。不自信的人往往不喜欢自己的个性，完全不想引人注目，巴不得能够埋头藏在人群里，做默默无闻的那一个。

我在心理治疗中遇到过一些孩子，如果让他们做选择，他们会对什么都说“随便”。“你想玩球还是捏橡皮泥？”“随便。”“你想先完成这个任务还是那个任务？”“随便。”这些孩子出于各种原因没有形成对自我的感知，他们根本不知道自己喜欢什么，也不觉得有必要知道这一点，因为没人告诉过他们这很重要。

对自我的感知很重要。知道自己喜欢什么，不喜欢什么，对自己而言什么重要，什么不重要，能够做出相应的决定，按照自己的想法安排自己的生活，是形成健康的自我意识的基础。

具有自我意识的孩子可以反思自己的想法和情绪。他心目中的自我意象贴近现实，因此他可以做出适合自己、让自己快乐的决定。

孩子在每天的日常生活中有无数展现自我意识的机会。这时他们既有机会表达自己的诉求，又不至于忽略他人的诉求。以恰当的方式提出自己的愿望，并不意味着固执己见，一意孤行，而是对自己有足够的信心，感到自己足够有价值，所以会尝试表达自己的愿望。在幼儿园或者学校里做小组作业的时候，孩子总是有机会向其他孩子提出自己对作业的想法。在这种情境下，自我价值感低的孩子通常表现得比较怯场，他们很快就会屈从他人的意志，不会捍卫自己的立场。

父母应该早早教会孩子建设性的沟通方法

父母可以教孩子得体地提出自己的诉求。年龄较小的孩子还不太知道如何恰当地表达自己的愿望。我们会发现，孩子有时会威胁自己的小伙伴，但实际上他非常想邀请他们一起玩，只是不知道该怎么表达。这时父母就要告诉孩子，他要怎么说才会让别的小朋友觉得自己收到了邀请，而不是受到了威胁。比起“我想回家和你一起玩我新买的消防站玩具。如果你不来的话，你就再也不是我的朋友了”，更好的说法是：“我新买了一个消防站玩具，如果你能和我一起去我家玩就好了，你想不想去？”

父母还可以教给孩子，表达自己的愿望时如何组织语言。不要总是说“我想要”，而是要让谈话对象也参与进来。不要说“我想要我们先完成第四个任务，再完成前三个任务”，这么说更好：“我觉得先完成第四个任务比较好，因为它最复杂，然后咱们再做前三个任务。你们觉得呢？”

反思

反思自己在表达诉求时的表现，然后想一想，当你提出自己的诉求时，要怎么做才能成为孩子的榜样。

涉及诸如家务分配和家庭作业之类不太愉快的话题时，家长往往会责备孩子，经常这样说：“你怎么这么邋遢！快起来收拾一下！”或者当我们筋疲力尽的时候，也会威胁孩子：“你今天晚上不把你那‘猪圈’弄干净，周末就别想去看电影了。”我们还会对孩子进行情感操纵：“都是因为你把家里搞得乱糟糟的，弄得我头都开始痛了。”

在上述的情境中，更加有效也更能增强孩子自我价值感的办法是，要说出客观的观察结果和我们的情绪、我们的需求，然后用请求的方式表达我们对孩子的要求：“我看你的房间还没打扫（客观的观察结果），我很生气（情绪）。我生气是因为我想让家里干干净净、整整齐齐的（需求），所以现在快去收拾一下你自己的屋子吧（请求）。”这种沟通方式表达出，虽然孩子的行为可能是我们产生某种情绪的导火索，但是真正的原因还是我们的需求没有得到满足。我们的情绪与自己的状态以及需求有关，并非取决于他人的行为。一个不那么看重整洁的人可能不会因为孩子房间乱糟糟而发火。

客观的观察结果是对情境的描述，情绪和需求反映了我们的内心世界，而请求则指向了我们对孩子的要求。这样的沟通方式符合卢森堡的非暴力沟通法。我没有用威胁、指责或者看似被动然而富有攻击性的情感操纵对孩子施加语言暴力，而是试图通过向交流对象陈述客观的观察结果，表达自己的情绪和需求，并做出相应的请求来满足自己的需求。而且我们一定要牢记，请求有可能被拒绝。不过一旦孩子满足了我们的请求，那么他一定是发自内心地去做这件事。如果我们习惯于和孩子进行平和的交流，那么他们也会倾向于协同配合，而不是威胁、情绪操纵或者责怪。孩子体验过我们的交流方式以后，就会把它作为表达自身需求时的模板。

这种沟通方式可能一开始看起来很麻烦，还有点奇怪。养成这种新的说话方式需要高度集中的注意力，无疑相当艰难，不过它也有益处，那就是能够帮助我们在沟通中不再受条件反射的支配。请耐心听我说完——我们说话做事都会遵循一些自己习以为常的机制，尤其是那些我们在受教育过程中习得的机制。想要摆脱这些它们，需要很强的自我觉察力。我想，我们每个人都是一样的，没有人天生就是大师……所以，如果做到了有意识的、平和的、非条件反射式的沟通，一定要认可自己的成功。

孩子不敢自己做决定，怎么办

有的孩子生性比较胆小。他们因为害怕做出错误的决定，所以总是喜欢小心地反问身边的人——“这样对不对？”“现在我该怎么办呢？”“你觉得这样可不可以？”假如父母回答这些问题时始终表现得不厌其烦，那么就可能出现他们不愿意看到的结果。孩子会变得越来越依赖他人，越来越没有主见。如果发现孩子有这种瞻前顾后的行为模式，就不应该老是帮他做决定，而是要鼓励他说出自己的看法。有些孩子比其他孩子需要更多的鼓励，也许是因为他们的性格更加敏感，更容易感到不安。

要帮助孩子进行思考和做出决定，
但是不要剥夺他们自己思考和做决定的机会。

如果孩子说：“我不知道，你觉得呢？”先不要立刻说出你的建议或者看法，而是要试着帮孩子理清他的思路：“我想先听听你怎么想。”“先好好想一想，你自己是怎么觉得的。”重视孩子的想法可以让他更有胆量开口表达，然后家长就可以引导孩子组织语言，帮助孩子说出自己的想法。

我们总是喜欢替孩子做决定，有时候是出于习惯，有时候是为了节省时间。我们经常自然而然就帮孩子做了主，完全没有意识到自己在做什么。把决定权留给孩子，就是在培养他们的独立意识。独立绝对不是“单独”的意思——我们鼓励孩子自己做决定，并不意味着我们不再给孩子提供支持。我们可以在孩子做决定的过程中支持他们，还可以做他们遇到困难或疑问时的“安全港湾”。

我们剥夺孩子的选择权时，往往是这样的：

马克斯：“汤姆和奥古斯特想去树林里的空地上踢球，但是我不想去。你说我要不要一起去呢？”

父亲：“树林里的空地很好啊，地方又开阔。你们可以骑车去，回来的路上还可以买个冰淇淋。”

马克斯：“我不知道……”

父亲：“去吧，相信我，肯定很好玩的。换个地方玩，你们的关系会更好的。这是个好主意！”

马克斯：“好吧，如果你这么想的话。汤姆和奥古斯特也非要我去不可，那我就去吧。”

在这个案例里，父亲不仅给出了建议，还向儿子提供了一些想法。但是他没有追问马克斯不想去空地踢球的原因。

父亲试图（当然是为了儿子好）说服马克斯做出某个决定，却（有意或无意地）忽视了马克斯发出的不确定或不想去的信号。也许马克斯去了以后确实体验不错，但他没有自己做决定，他由此学到的是听从他人的建议，而不是坚持自己的感受和判断。

当我们通过积极的倾听，帮助孩子做出自己的决定时，过程应该是这样的：

马克斯："汤姆和奥古斯特想去树林里的空地上踢球，但是我不想去。你说我要不要一起去呢？"

父亲："嗯，你不喜欢那里？"

马克斯："嗯，是啊。太远了，而且我不喜欢那里的地面，老是会打滑。"

父亲："不过你还是想和汤姆还有奥古斯特一起玩的，只是不太想去那个地方？"

马克斯："没错。所以我不知道该不该去。如果是你，你会怎么办呢？"

父亲："你有解决问题的办法了吗？"

马克斯："没有！我一会儿想这样，一会儿又想那样，我想和他们一起玩，但是不想去那里玩。嗯，要不我问一下他们要不要换个地方玩？”

父亲：“当然可以了！好主意！你有想去的地方吗？”

马克斯：“呐，要不就在我们家花园里，要不就干脆在学校的中庭里踢球。他们不太喜欢在这两个地方踢球，但我还是试一试吧。”

父亲：“对，试一试，我觉得你的建议很好。”

在这个案例里，父亲追问了儿子不想去树林里踢球的原因，然后和孩子一起应对犹豫不决的状况。父亲没有立刻给出建议或者提供解决方案，而是帮助孩子说出产生不确定感的原因，并且留给孩子自己找到解决办法的空间。父亲的处理方式会鼓励孩子主动解决问题和想办法。

如果由他人代替孩子为他做出生活中的每个决定，那么长此以往，孩子的不自信感会与日俱增，因为他从来没有体验过自己有能力做出决定并为之承担责任的感觉。他很难感受到自己的自我效能感，而这种感受本应该促使孩子形成良好的自我价值感。如果总是由别人代替孩子为他做决定，孩子也很难完全感受到成功的喜悦，因为他并没有实现自己的想法，只是听从了他人的建议。

反思

父母可以自我检查一下：我们是不是喜欢剥夺孩子自己做决定的机会？我们是不是加强了孩子让别人替自己做决定的倾向？我们这么做的——往往是无意识的——动机可能是什么？

- 我们不相信孩子能自己做决定？我们帮孩子做决定，会加重孩子的依赖心理，让他越来越畏首畏尾。因为对孩子缺乏信心，我们和孩子就陷入了一个恶性循环：孩子事事都要询问我们——我们不放心孩子，然后替他做决定——孩子总是让我们替他做决定，因此很多事都不敢独立完成——我们又觉得孩子还不够独立，所以对他更不放心了，如此循环。只有当我们相信孩子能够自己做决定时，才能培养他们对自身能力的信心。
- 我们不想让孩子经历失望、失败和犯错？这是一种为人父母的天然冲动。然而我们必须时时提醒自己，失望、失败和犯错是人生的一部分。从小就开始学习有韧劲地应对挫折的孩子，长大后可以更好地应对人生中或大或小的打击。

- 我们是否希望通过对孩子无微不至的关心，来满足自己在童年时期没能得到满足的需求？换句话说：我们是不是觉得自己小时候没有得到父母足够的关心，所以现在想要加倍关心自己的孩子？就像很多父母常说的那样："我不想在自己孩子身上重复我爸妈犯过的错误。"我们有没有因为自己想要对孩子好，就剥夺了孩子自己做决定的机会，从而阻碍了孩子独立意识的发展？

允许孩子按照自己的决定行事，就是允许他们去面对一定的风险——当然是可承受范围内的风险。从不摔跤的孩子也学不会怎么爬起来，继续走。他们也被剥夺了摔倒后再爬起来的成功体验，这样的体验会让孩子发现：摔倒也没那么可怕，关键是要再爬起来！有的孩子非常害怕失败，以至于对失败的恐惧给他们造成了比失败本身更大的困扰。恐惧和不自信会阻碍孩子的个性发展。要防止出现这种情况，我们就要在对待孩子的态度中向他们传达这样的信号：

“我相信你。”

“大胆去做，大胆尝试。”

“我在这陪着你，你需要的时候我会支持你。”

“如果没成功也没什么，至少你尝试过了。”

让孩子发出自己的声音

如果我们成年人能让孩子发出自己的声音，他们就有了练习表达意见、论证观点和为自己辩护的机会。向孩子传达出“他们的观点很重要”的信号，对孩子很有好处，所以我们要对孩子的观点表现出浓厚的兴趣，要认真倾听他们说的话。如果你非常重视孩子说的话，并且表现出了自己的关注，那么孩子就会觉得自己的话很有价值。他会从你重视他的态度中学到，自己是有价值的，而且他还会越来越自信。因为一个孩子表达自己的机会越多，他就越能熟练自如地表达自己。

所以不但要鼓励孩子说出自己的想法，还要继续追问。在日常生活中的各种场景下都可以进行这样的练习，当然还要考虑到孩子的年龄：

- 你说雪会不会下得足够厚呢？然后咱们就可以一起堆雪人了！
- 你觉得只有一种花的花束更好看，还是有好几种花的花束更好看？
- 你说狗摇尾巴的时候是不是在笑呢？
- 你猜刚刚那个人为什么跑那么快呢？
- 你觉得哪个收银台前面的队会排得更快？

请坚持每天抽出一点点时间来思考日常生活中的观察和体验，然后和孩子一起分享讨论。我在自己的著作《打开孩子世界的100个问题》里列举了诸多问题。我们可以用它们引起话题，由此开启一场亲密而充满想象力的亲子谈话。我们常常忙着想自己的事情，却没有利用好与孩子相处的宝贵时光。在孩子和我们讲话的时候，我们经常也只是三心二意地听着，回答得也有些心不在焉。其实日常生活里有很多亲子交流的绝佳机会。

亲子对话的氛围能够培植出一种讨论文化。随着时间流逝，孩子渐渐长大，他自然而然就会开始和父母说起并讨论更加复杂的话题，很多父母和孩子的兴趣点都不同，可能是政治上的，经济上的，文化上的，科学上的，或者其他各个领域的问题。要利用一起吃饭的时间进行交流，并且让孩子也参与其中。在有家庭成员以外的成年人——可能是朋友或者亲戚——参与的聚会中，让儿童或青少年加入谈话，是再好不过了。孩子们会学到，在至亲以外的成年人面前讲话也不必怯场。

当众讲话对有的成年人来说是需要经过刻苦训练的事情，但其实人在童年就可以自然而然地体验这件事。孩子们可以由此增进自我认识，并且增强自信心。

帕梅拉（34 岁），安东（8 岁）的妈妈

“我父母以前经常邀请熟人或者朋友来家里吃晚饭。他们会让我们小孩子也一起吃，但是从来不会引导我们加入他们的谈话。我那时候太害羞了，不敢主动讲话，觉得自己又小又笨又多余。我父母的用意肯定是好的，但是完全没有达到目的。我对我儿子一开始就采取了不同的态度：如果安东也和大人坐在一桌，我们就会让他加入餐桌上的谈话，不会只在成年人之间聊天。看到他自然而然地加入谈话，很自在地说出自己的想法，我真的非常高兴。”

然而，日常生活中依然不乏成年人和孩子之间不平等的交流，孩子没有被当作具有同等价值的谈话对象，没有得到认真的对待和尊重。这些年来，当我的孩子们每每向我说起陌生的成年人对待他们的轻蔑态度时（比如他们没有大人陪着去买东西的时候），都会让我一次又一次地感到诧异。那些人对待他们的语气和态度完全没有尊重可言，而且但凡有一个成年人陪同，他们就不会这样对待孩子。直到今天，人们普遍还是不能给予孩子与成年人同等的尊重和礼待，真是可悲。我相信，尊重才能换来尊重。想要得到年轻人的尊重，就应该尊重年轻人。

内心声音的罗盘

要让孩子能够发出自己的声音，和外界交流他们的想法、情感和需求，倾听自己内心的声音就显得至关重要。无论涉及何种话题，人们常常会在各种建议和指南里读到，要遵从自己内心的声音。这个说法让很多成年人一头雾水。内心的声音？错了！他们不会倾听内心的声音，而是听从他们在儿时常听父母说起并且在其人生中已经固化为信条的训诫：“除了家里人，谁也不要相信”“你不成功，就什么都不是”“宁可委屈一下自己，也不要得罪别人”，诸如此类。

如果我们想要给孩子学习倾听自己内心声音的机会，就要让他们能够思考自己当下的状态、对现状的感知和此刻的情感。

家长可以通过提出下列问题来强化孩子在这方面的意识：

“听听自己内心的声音，你是什么感受？”

“你觉得这个决定怎么样？你有什么感觉？”

“你刚刚感觉如何？”

“设想一下这种情况，你感觉怎么样？”

家长也可以在日常生活的场景下进行“出声的思考”，把自己的感受表达出来：

“我要发火了。”

“我现在很不舒服。”

“这个决定让我非常开心，现在好像一切都走上了正轨。”

这样孩子就能以父母为榜样，学会关注自己的情绪并将它表达出来。我们内心的声音让我们意识到自己直觉上的判断和自身的情绪。孩子如果学会了觉察自己的直觉和情绪，就能够把它们转译成内心的声音，然后再依照它行事。内心的声音指向了自身的情绪以及与之相关的需求。学习关注自己的情绪，有助于孩子们认识到自己的需求。

觉察并承认负面情绪的存在

如果孩子有负面情绪，比如失望、恐惧或者紧张，我们往往会觉得很难应对，有时我们干脆对它们视而不见。这种反应背后的原因多种多样，而且都很好理解。

有时父母忽视孩子的情绪，是因为他们想教给孩子一些道理——比如他们想告诉孩子，在某个情境下不必害怕，或者在特定场景下，保持镇定才是明智之举。尽管父母的考虑是出于好意，但是孩子受到了这样的对待以后，大概率会感到父母不理解自己，并且会倾向于更加听不进父母想要教给自己的道理。

如果一个七岁的小男孩不敢一个人去地下室，而我们认为他已经足够大了，应该可以独立完成这件事了，那么下列劝说方法会收效甚微：“不会吧？你怎么还怕这个”或者“你姐姐五岁的时候就敢一个人去地下室了”。虽然两种说法的用意都是好的，但是它们没有认真对待孩子的恐惧，只是在刻意地掩饰它。

另外一种办法是，正视孩子的恐惧：“我明白，你不喜欢去地下室，因为你害怕，对不对？”然后我们可以通过对话询问孩子究竟在害怕什么：是怕黑？怕地下室里有怪兽？还是怕有强盗？下一步我们就要思考，如何应对这种恐惧：始终把灯开着？或者先陪着孩子，站在他能听得见我们说话的地方，让他敢自己进地下室，等他进去过几回以后，再一步步地让他自己行动？

当父母理解并认可孩子的情绪，他们就会觉得父母是懂得自己的，自己受到了认真的对待。有了这样的基础，比起我们忽略和否认孩子情绪的时候，孩子在困境中会更倾向于和父母一起想办法。如果父母认真地对待孩子的情绪，孩子也能学会认真对待自己的情绪，并且能发展出至关重要的自己的内心声音，也能逐渐学会听从自己内心的声音。

在孩子身体受伤的情境下，比如摔破膝盖或者跌倒摔疼了，父母安抚孩子的时候往往会说：“没那么疼。”父母之所以避免采取共情的态度，大多数是因为担心一旦承认了孩子的疼痛，孩子就会哭闹得更厉害，因为他的疼痛得到了证实。观察其中的差别相当有趣，比方说，当我的儿子从自行车上摔下来，膝盖流血了，我没有对他的疼痛刻意表现得轻描淡写，而是显得非常关心。事实上，当我对他非常关心时，儿子并没有哭得更厉害或者开始大喊大叫。正好相反，他反而可以相对来说较快地平静下来。因为他已经注意到了，妈妈理解了他的疼痛，而这对每个孩子来说都是莫大的安慰。他在此刻的需求就是，有人看见他的疼痛并安慰他。当我们的交流对象理解我们的痛苦时，我们每个人都会觉得受到了一定程度上的安慰。或者设想一下，当你不小心切伤了自己的手指，疼得叫了起来，然后你的丈夫对你说，“嗨，没那么疼，宝贝，只是一个小割伤”，你会不会觉得受到了安慰？一样的道理！这对孩子来说也是一样的。

有时家长会觉得处理孩子的情绪太累了，所以干脆就忽视它。这是完全可以理解的，因为当父母是一项无比艰巨的挑战，每周七天，每天 24 小时，从不间断。我们每个家长肯定都经历过，有时候自己全身上下的能量都耗尽了，没有心力再去应对孩子那些难缠的情绪，比如悲伤、愤怒、紧张或者恐惧。这时，我们会向失望的孩子甩一句“哎呀，没什么大不了的，不要这么激动”，以此换取自己的安宁。然而当我们意识到，承认而不是忽略或轻视孩子的情绪，对孩子的健康成长来说有多么重要，也许我们更能够在给孩子的反馈中承认他们的情绪：“过来，让我抱抱，看起来你很难过。”这种认可情绪的教育方法需要共情的态度，需要对孩子的处境感同身受，当然还需要一些练习，这样我们才能在关键时刻想到这一点，而不是被惯性的行为模式支配。

分担忧愁让人坚强

有的父母不愿意面对孩子的负面情绪，是因为他们担心这么做反而会加强孩子的负面情绪——他们的信条是：不去管负面情绪，总有一天它们会自动消失的。说得越多，就越发助长不良情绪，孩子对它们的感受就会越强烈，受的苦也就越多。我可以肯定地告诉有这样担忧的家长，情绪并不会因为人们闭口不提就自动消失。恰恰相反，不得不独自面对负面情绪的孩子可能觉得自己孤立无助，因此感到更加痛苦。正如老话所说，“分享快乐，快乐翻倍；分担忧愁，忧愁减半”。谈论负面情绪能够减轻压力，有助于想出解决办法。

孩子有时会把悲伤或者遇到的问题藏在心里，因为他们看见父母自己也非常焦虑或难过，不想给他们造成负担。假如孩子承担起照顾父母的角色，那么就会发生角色调换，而这对孩子来说过于困难了，因为他们年龄太小，承担不起这样的任务。我在心理治疗中遇到过一些心理压力巨大的青少年，他们不敢向父母吐露自己面临的一些沉重的困难，因为他们担心父母承受不起。在取得这些青少年患者同意的情况下，我与他们的父母谈话，把孩子们的问题告知父母以后，父母往往都十分震惊。

任何情况下都不应该让未成年的子女为父母操心。假如你眼下的处境异常艰难，自觉不能好好照顾孩子，那么你应该及时向其他能够帮你分担家庭和育儿压力的成年人求助。父母的力量也不是无穷无尽的，有时候也会陷入危机，承受不起更多的负担，也几乎无力充满同理心地去处理孩子的问题。及时向外界寻求帮助，可以减轻父母和孩子双方的压力。

有时孩子会压抑自己的一些不良情绪，或者有意识地用其他事情分散注意力。逃避使自己感到不适的情绪，是常见的人类本能。然而这种策略很少成功，因为那些被压抑的负面情绪——不论以何种原因——总会在某个时刻爆发出来，势不可挡。或许它们也可以一直被控制住，但代价是人无法感受到其他情绪，因为他必须通过不停地转移注意力来掩饰自己的情绪状态。

如果负面情绪得不到分担、谈论和化解，
它就会一直缠着我们，
仿佛一首循环播放的背景音乐。

有时我们可以对这个背景音乐充耳不闻，有时却不得不听，还有些时候，这音乐会变得很大声，甚至敲着鼓点变成了主旋律。这时通常是某个特别艰难的情境触发了郁积心中的情绪，导致压力大到难以承受。“控制自己”或者屏蔽一切情绪等策略，都很难让人达到稳定的心理状态。“控制自己”的态度在某些情况下可以让人显得有自制力，不会轻易放弃。一个人可以控制自己以克服内心的懒散和惰性，然后去处理并完成某项任务。然而假如孩子学会了在面对悲伤、愤怒、恐惧或羞耻等负面情绪时也“控制自己”，他就会认为自己的情绪没有价值，从而压抑情绪。要知道，了解自身的情绪是心理健康至关重要的基础。

拉尔斯（8岁）

在学校里，当其他人都对我不好，我已经想要开始大吼大叫的时候，我就会想起妈妈和爸爸，想起我们晚上互相依偎着窝在沙发里，我把学校里所有的事情都讲给他们听。幸好他们总是会安慰我，也总是理解我。爸爸像我这么大的时候，也经常和别的小男孩吵架怄气。他告诉我他小时候是怎么解决这些问题的，我现在可以怎么做。幸好我不是一个人。

当过去影响现在

有的父母不太会处理孩子的负面情绪，就会按照他们自己童年习得的行为模式做出条件反射式的反应。在过去和今天，很多家庭仍然主张不应该给孩子太多表达悲伤或愤怒等不良情绪的空间，认为这是在培养孩子的品格，所以他们会忽略或者刻意淡化这些情绪。如果父母的负面情绪在童年没有得到他们的父母的承认，而是遭到了忽略或淡化，而且父母和他们的父母之间几乎没有情感交流，那么他们成为家长以后也会很难和自己的孩子进行情感上的交流。我们终其一生都在按照诸多自己意识不到的、自动的行为模式行事。于是否认情绪的习惯如同锁链一般环环相扣，代代相传，阻碍孩子们表达和处理自己的情绪。

劳拉（42岁）

我的父亲是战争年代里出生的家里的长子，他接受的是当时主流的教育方式：男孩子要阳刚、勇敢、服从纪律，不许哭哭啼啼。情绪表达，尤其是一些软弱情绪的表达是违反常规的事情，甚至可以说是禁忌。所以当他面对自己的情绪或者是自己孩子的软弱情绪，比如悲伤、恐惧或是愤怒的时候，总是不知所措。我小时候一直觉得父亲对我很冷漠，后来我才明白：他不是冷漠，而是根本不知道该怎么办。我发现谈起这个话题的时候，他找不到恰当的用词。他不习惯谈论情绪，而且也不想谈，因为在他的世界里，有情绪就是软弱的表现，做人不可以软弱。当我难过或者愤怒的时候，他就很尴尬，弄得我自己也很尴尬。如果你想和自己的父亲谈一些和自己有关的沉重话题，但是你的话在他那里就像水珠落到荷叶上一样滑走了，这样试过一两次以后，你就再也不想和他谈心了，而且会觉得自己的情绪不合时宜。自己的父母为什么不能安慰自己，这对小孩子来说太难理解了。孩子会以为是自己错了，或者是爸爸不好，或者两者都有。因为这一点，我和我的几个兄弟青春期的时候都很受困扰，而且长大以后还是会这样，因为即使我已经知道了，爸爸并不冷漠，但他在我遭遇困难的时候表现得无法共情还是让我感到很难过。接受心理治疗以后，我才开始认真对待自己的负面情绪。

负面情绪的背后藏着未被满足的需求

孩子在表达他们的情绪时——不管是正面情绪还是负面情绪——我们都应该承认这些情绪的存在，然后去处理它们。孩子的需求一旦得到满足，就会产生诸如喜悦、安全感、放松或满足感之类的令人愉快的情绪。负面情绪的存在则表示孩子的需求没有得到满足。负面情绪有悲伤、受伤感、不安、孤独或者无力感（更多与需求有关的情绪参见本书后附的“表述情绪的词汇表”）。

人有吃、喝、睡等人人皆有的需求。不过每个人需求的侧重点各不相同——有的人需要很多睡眠，每晚要睡够十个小时，也有的人喜欢早起，少睡一会儿也没关系。有些人爱吃，而且把品尝美食当作一种享受生活的方式，而另一些人只是把吃饭当成摄入必要营养的手段。我们还有其他的需求，比如受到尊重、得到关注、自主决定、获得意义感以及和谐关系等。孩子也有诸如玩耍、被信任、得到照顾和进行创造的需求。为了达到良好的情绪状态，每个人都会自然而然地试图实现和满足自己的需求，并且为之使用各种各样的策略。因为需求是普遍存在、人人皆有的，所以人与人之间能够相互理解——我们能够理解别人表达的自主决定和受到尊重的需求，是因为我们体验过自己也有类似的需求。然而要透过孩子在日常生活中耍的小把戏或者透过我们感受到的孩子的某种情绪去识别他们的需求，就并非易事了——对于我们成年人来说不容易，对孩子自己来说也很困难。一个七岁的小女孩不可能在情绪濒临崩溃的时候说："我很难过，因为我没能和艾米莉亚交成朋友，我希望你现在能来安慰我。"她可能只会哭，然后说她想要自己的抱抱熊，或者她会暴怒，把自己正在画的画给撕碎，但又说不出自己为什么会发火。

我们可以试着用细腻的心思和慈爱的关注去体会孩子的情绪，察觉他们的需求。如果孩子摔倒了，觉得痛，他会想要安慰，这是比较容易被察觉的，而别的情境就没有这么显而易见了，所以我们只能进行推测。孩子们为了满足自己的需求，常常会采取一些在我们看来不妥的策略——比方说，他们会通过吼叫、哭泣或者撒泼来满足自己想要获得关注和疼爱的需求。我们每个人肯定都有过这样的经历：我们想要安安静静地打个电话，但是孩子来找我们简直快有 100 次了，而且总是提一些特别急迫的请求："我肚子饿了 / 口渴了。""剪刀在哪里？""我们下次什么时候去看外婆？"他们不停地打断我们讲电话。然后我们可能就会烦了，于是开始吼孩子："让我好好打个电话不行吗？"再接下来——根据孩子的性格和我们语气的严厉程度——孩子要么就气呼呼地走了，要么就开始大哭大闹。如果我们暂时按捺一下吼出"别烦我"的冲动，认识到孩子只是在以这种方式表达他期待我们关注的需求，应对这个情境就会轻松很多。我们可以中断谈话片刻，紧紧抱住孩子，然后告诉他，现在我们需要安安静静地打个电话，之后再来倾听他说的话并且帮助他。得体而清晰地表述我们自己的需求，与识别并处理孩子的需求同样重要。

一个三岁小女孩的暴怒或者一个八岁小男孩的执拗背后隐藏着什么样未被满足的需求，往往很难第一眼就识别出来。假如你面对着一个正在发火的或者执拗的小孩，不清楚该如何处理他的情绪时，你可以首先承认他的情绪："我发现你很生气啊……"然后在接下来的谈话里问："现在怎样才能让你觉得好受一点呢？"这时孩子可能会说出一个能够实现自己需求的愿望。比如他可能会说："我想坐在你的腿上。"他想通过这个愿望实现自己对亲密和关注的需求。

我们也可以不追问，而是提出猜测："你现在不高兴，是不是因为你想去游乐场玩？"

如果我们猜错了也没有关系，孩子会纠正我们："不是。我不高兴是因为我也想和弟弟一样坐婴儿车。我也想当个小婴儿，这样大家就会只关心我一个人。"孩子表达了他对关注和疼爱的需求，说出了想要坐婴儿车的愿望。我们处理他的情绪，试图理解他缺了什么，光是这一点，就已经让孩子开心了。我们经常只看到孩子为了满足自己的需求而采用的不当的策略，却没有在意他的需求。"不要闹了，马上给我停下！""你吵得我头痛，不要闹了……"这时我们眼里只有孩子的行为——我们希望孩子按照我们的标准表现得乖乖的，并且试图矫正他那些在我们眼里不恰当的行为。

处理孩子的需求很可能对他的行为产生积极的影响，因为孩子会觉得他被看见、被倾听，所以不必再用吼叫或哭闹之类的策略来博取我们的关注。

处理孩子的需求，
并不意味着满足他的一切愿望。

我们对孩子真正的兴趣，还有我们为改善他们的情绪而做出的努力，就已经足以对孩子产生积极的影响。父母和孩子可以在接下来的谈话中一起出谋划策，找到能够帮助孩子情绪好转的解决办法。有时候也想不到什么具体的办法，但是我们的努力已经让孩子感受到了自己是被疼爱的。

格洛丽亚（12岁）

格洛丽亚是大家口中典型的“不合群的人”。她沉浸在自己的世界里，很难和同龄的孩子交往。对于那些能够帮助她被同龄人群体接纳的规则，她也是一窍不通。她被其他孩子嘲笑，被公然地拒绝。孩子们把她的内向和迟钝当成弱点，通过捉弄她来显示自己的厉害。

绝望的格洛丽亚向自己擅长社交、事业有成的母亲倾诉了自己的苦恼。母亲懂得如何在集体里得到认可和接纳。格洛丽亚向母亲讲述了班上同学对自己恶意的排挤。母亲当时正好着急有事，没工夫聊天，对女儿的痛苦表现得不怎么关心："你肯定哪里有错，他们才会这么对你。我们之后再想一想你是哪里做错了吧。"然后她就离开去办自己的事了。母亲的回应让格洛丽亚崩溃了，她变得比之前更加没有安全感。母亲没有承认女儿悲伤的，甚至是绝望的情绪，没有帮她处理情绪，还把同学们的恶意行为归咎于自己的女儿。

和母亲一起思考如何改变自己的行为，以获得接纳，是一个可能帮得上格洛丽亚的建设性想法。然而把她受到的来自周围的恶意归咎于她自己，让格洛丽亚陷入了更深的绝望。她本来就感到自己缺乏价值，现在这种感觉变得更加强烈了。母亲再也没有提起这件事，格洛丽亚也没有，因为她害怕受到责备。

假如母亲体察到了格洛丽亚的悲伤情绪，她就会把女儿搂在怀里，分担她的痛苦。她本可以识别出格洛丽亚对同情、安慰、保护和支持的需求，然后建设性地处理她的需求。她本可以告诉格洛丽亚："你受到恶毒的敌意和攻击以后感到绝望和难过，看到你这么难过，我也很难过。"在此基础上，母亲可以和女儿讨论他人的恶意和贬低，然后和她一起想办法，思考可以怎么保护自己，或者改变自己的行为，或者是别的什么办法。母亲可以用这种方式支持孩子。

在案例中，母亲不但没有处理女儿的情绪，反而告诉她，是她自己错了，她要为别人的反应负责，这让格洛丽亚绝望和不安。格洛丽亚自己也说，母亲的反应让她陷入了巨大的自我怀疑，导致她不再信任自己的感受。她无法认识自己的需求，更无法把它用语言表达出来。当她感到悲伤或者受到不公的待遇时，她心里响起的不是自己的声音，而是母亲在对她说："都是你的错——有错的是你。"她对自己的感受不再有信心。她已经丢失了自己的情感罗盘。

我们是否承认并处理自己孩子的情绪，取决于我们到底是用我们对孩子的期望（好养的、省心的、乖巧的、单纯的……）来看待他们，还是看到孩子本来的样子（有时会恐惧、愤怒、悲伤……）。看见孩子本来的样子，而不是我们心目中理想小孩的倒影，能够帮助孩子认识自己，相信自己，活出自己。

营造让孩子乐于开口的谈话氛围

很多不自信的成年人在童年时都有苛刻的父母，他们长大以后内心的批评者会和童年的父母一样，使他们陷入自我怀疑。这类父母会系统性地否定孩子的行为，而且总是持批评的态度：当孩子有了一个想法，他们会把谈话的重点放在风险或者可能出现的问题上，而不是可能的机遇上。他们倾向于说“不，还是别做了”，而不是“好，试试看”。

如果父母奉行批评式教育，也许出于他们自己内心的恐惧或抑郁，总是看见“半空”而不是“半满”的水杯，在这样的父母身边长大的孩子很容易将这种态度内化，并且学会了在表达自我之前就放弃，更不要说追求自己的梦想了。

孩子在讲述的时候——讲述一个主意、想法或构想的时候——积极的倾听可以促进真正的交流，从而使得孩子乐于开口。最好是先总结一下你听懂的内容，还有你接收到的孩子的情绪。这样孩子就能给出反馈，告诉你你是否真的明白了他的意思。这个方法还有一个好处，就是确认你心里想的真的是孩子告诉你的内容，这样就可以避免武断地给出主意、建议和评价。

即便你和孩子的看法有所不同，最好也尽量不要“扼杀”孩子的想法，而是让孩子顺着自己的思路说下去，之后你再介入。有个专注而耐心的人花时间真正地倾听自己说话，这种感觉是非常美妙的。你还能想起上一回有人全神贯注地倾听你说话时，你心里的感觉吗？“他是真的想要理解我！他关心我，重复我说过的话，想要确认自己是否真的明白了我的意思。他没有利用我们的对话来讲述自己的事情——没有，就真的只是陪伴我而已……真好，不是吗？而且也很难得，对不对？”

通过高质量的倾听和关怀，你也可以带给你的孩子这种美好的感觉。

当你关注孩子胜过关注自己时，魔法就产生了。
不要想：我怎么看孩子讲的内容？
而要想：孩子想要表达什么？

有趣的是，也许你也有过这样的亲身体验，我们更倾向于接纳认真倾听自己的人提出的意见，他让我们感到他是真的想理解我们，而不是听从那些让我们觉得，他根本没有认真在听也不懂我们的人——这种人怎么会知道什么对我们好呢？

针对孩子说的话，父母经常会条件反射式地根据自己的经验给出建议、评价或信息。他们认为自己是在教育孩子，而且自信这么做可以帮到孩子。如果时机恰当，这些点子或建议也许确实很有帮助、非常对症，只是我们要让孩子把话说完，要先确定我们是否正确地理解了孩子的意思。父母给孩子建议，往往会造成以下的情况：孩子的讲述被打断了；他们原本期望中的谈话方向被父母引向了别处，更没有机会自己找到对于可能出现的问题的解决办法。

在我们和其他成年人的交谈中也会不时地出现类似情况：我们正在讲述自己的经历时，对方抓住了我们话里的一个关键词，从中间“截和”了谈话，由这个关键词出发，开始讲起了他自己和他的经历。这时我们多少会觉得自己受到了忽视，因为虽然对方也接上了我们抛出的话题，但他并不关心我们和我们的经历，而是在谈论他自己。这会让人非常失望，有时我们想给孩子提建议时，也会出于好意而陷入这种陷阱。我们应该先让孩子把话说完，然后用积极的倾听表达出我们对他说的话非常关心，这样孩子就会觉得我们感受到了他的情绪。在理想情况下，孩子还会觉得自己得到了理解。积极的倾听可以通过理解拉近人与人之间的距离，这也是我强调这项之前提到过的无比有用的技巧的原因。

在积极的倾听中，我们试图理解孩子想要和我们分享的内容。所以我们会非常专注地听（倾听），然后概括一下我们自己的理解（积极）。同时我们还会关注我们从孩子身上感受到的情绪。这样一来，孩子或者可以证实我们的确理解并懂得了他讲的事情和他的情绪，或者可以指出我们误解了他说的话。然后我们可以再一次使用积极倾听的方法，直到孩子真的觉得我们的确明白了他的意思。

这听起来复杂，不过做起来简单，所以我用以下的例子来解释这项谈话技巧：

利阿姆："我讨厌我的数学老师。她不公平，很讨厌！"

父亲："哎呀！你好像很生气啊。这么说，老师对你是不是不公平啊？"

利阿姆："对，就是。我好生气啊，我就是觉得她不公平。"

父亲："你觉得老师不公平？"

利阿姆："对。我这一年举手回答过好多次问题，在课堂上也很积极，但就是因为我经常和保罗上课讲话，口试成绩她就只给了我 3 分。"

父亲："哦，明白了，你觉得老师因为你的课堂表现扣了你口试的分数，不公平。"

利阿姆："就是！就是不公平！如果我上课没有举手发言，一直在讲话，那也没关系，但现在绝对是不公平。"

父亲："嗯，我能理解你为什么生气。现在你想怎么办？"

利阿姆："不知道。算了，我还是直接跟老师说吧，你说呢？"

父亲："我要是你的话也会这么做的。你可以试着向老师解释一下你是怎么想的。"

利阿姆："好，明天下了数学课我就去和她说。"

在这个例子中，父亲试着在他的反馈里反映出他对儿子说的话的理解以及他感受到的儿子的情绪。这样儿子会觉得自己被认真对待，被父亲理解，另外父亲还留给了儿子自己寻找解决办法的机会，没有条件反射式地给儿子支招，忍住了家长出于好意最爱做的事（支招）。孩子自己想出了解决办法，会增强他的自信心，因为他们会由此认定自己能够想出问题的解决策略。

假使父亲错误地解读了儿子的情绪，儿子也有机会可以纠正他，那么父亲就能真正理解儿子的情绪，接着做进一步的处理：

利阿姆："我讨厌我的数学老师。她不公平，很讨厌！"

父亲："哦，我明白了，你因为老师不喜欢你，所以很难过，对不对？"

利阿姆："不是，我没有难过。其实我根本不在乎她喜不喜欢我。我很生气，特别特别生气——她对我太不公平了！"

父亲："好吧，我明白了——你很生气，因为你觉得自己受到了不公正的对待？"

利阿姆："就是……"

积极倾听的关键是，克制住我们身为父母的典型的、一片好心的反应，努力去关注孩子想要表达的内容。以下是我们应该避免的几种典型反应：

说教

利阿姆："我讨厌我的数学老师。她不公平，很讨厌！"

父亲："利阿姆，讨厌老师是没用的。你必须和老师搞好关系。"

利阿姆："爸爸，你不是在开玩笑吧？我怎么可能和那个傻女人搞好关系？"

父亲："怎么能这么没礼貌呢？利阿姆——你这样以后会吃亏的。"

利阿姆："我回我房间去了。"

父亲诚然想教给儿子一些重要的处世之道。然而这时利阿姆正在气头上，听不进去父亲的教诲。父亲的道德说教反而使利阿姆关闭了心扉，干脆对自己和数学老师之间的矛盾闭口不谈。父亲无意中掐断了儿子的话头，也失去了了解儿子生活中的重要事件的机会。

支招

利阿姆："我讨厌我的数学老师。她不公平，很讨厌！"

父亲："哎，利阿姆，我以前也不是很喜欢数学。我劝你还是在自己的薄弱学科上多花些工夫吧。勤奋和自律真的可以让你走得更远。"

利阿姆："哎呀，爸爸，你根本就不知道是怎么回事。我已经很努力了，但是她给我的分数还是不高。"

父亲："那你就要更努力才行，总有一天你会得到回报的。"

利阿姆："你根本就不懂，你们大人都一样。我回房间去了。"

在这个例子里，父亲光顾着提建议，没有试着去理解儿子生气的真正原因。这导致利阿姆感到自己不被理解，也没法说出他生气的来龙去脉。于是不被理解的他就退回了自己的小世界。

评判

利阿姆："我讨厌我的数学老师。她不公平，很讨厌！"

父亲："就是啊，她确实很烦人。我也受不了她。"

利阿姆："她真的很蠢。但愿明年换个数学老师。"

父亲："我也巴不得呢。"

父亲在这里和儿子做出了相同的评判。这当然会让利阿姆感到轻松一点，但父亲没有鼓励利阿姆说出他生气的原因，所以在问题的解决上并没有什么进展。

大事化小，小事化了

利阿姆："我讨厌我的数学老师。她不公平，很讨厌！"

父亲："哎呀，宝贝，别这么激动嘛。冷静一点。有的老师和你合得来，有的老师和你不对付，就是这样的。"

利阿姆："是啊，可能就是这样的。"

身为父母的我们很难直面自己孩子的负面情绪，所以我们常常倾向于刻意淡化问题，以此安抚孩子。利阿姆可能在短时间内感觉得到了安慰。然而父亲的教育方法不能促使他说出自己生气的原因，因此父子也不会一起讨论可能的解决方法。

当我们关心孩子说的话，试图理解并表述他们的情绪时，孩子可能会感到自己被倾听、被理解。这样就打下了信任的基础，孩子才会向我们倾诉他遇到的问题、不安和困难。我们要精心维护这种珍贵的信任，这样我们才可以确信，孩子有了烦心事会告诉我们，和我们一起思考应对烦恼的办法。

对话中应该避免的几种情况

当意见不一致时，避免贬低孩子的想法，要共同寻找建设性的替代选项。不说“这个主意不好”，而要建设性地表述为：“你真的动了很多脑筋，如果我没理解错的话，你是想……”接着再讨论替代选项：“那你觉得这样做怎么样……”

要区分孩子本身和他的行为 / 点子。不要说“你疯了”，可以说“哇，这些点子好疯狂”。

如果想法不同，不要“掐断”对话，而是应该努力把讨论继续下去。不要说：“想都不要想，疯了吗？不要再说了！”更好的说法是：“哇，这些点子好疯狂啊，我都吓了一大跳！不过再仔细讲讲，你是怎么想的。”

即使在讨论结束后，作为家长的我们做出了决定，认为孩子的计划无法实行，但毕竟亲子之间有过一场相关的讨论。我们给了孩子讨论的时间，也注意到了孩子的想法，没有从一开始就扼杀它。

这种对待孩子想法的方式表现出了对他的尊重和关注。不管是对于孩子还是对于我们每个人来说都是如此——自己的想法遭到拒绝是一件令人失望的事。然而如果孩子是在进行过一场充满尊重的讨论之后遭到拒绝，他有过阐述自己观点的机会，而且父母也解释了做出这项决定的原因，那么比起我们不听孩子说话，只是笼统地拒绝说“因为我们想这样，没什么好说的”，孩子更有可能接受这个决定。

克劳迪娅（29岁），伊莉莎（5岁）的母亲

我的母亲总是非常严格，而且不会改变自己的观点。其中一个表现就是，我们家从来没有商量的余地。如果我想做什么母亲不让我做的事——母亲不让我做，我父亲也就跟着不让我做——她只会说一句：“想都不要想，就这样吧，不要再说了。”

那句“不要再说了”真的很没有道理，从来都没有我说话的机会。我真的特别痛恨这句话！如果她能和我商量一下的话，我肯定更能理解为什么有的事她不准我做或者为什么她会拒绝我，然后我就可以接受这个事实。我知道她没有坏心，但是她这么说话就是让人觉得她很偏执、很狭隘。导致我一直觉得自己无足轻重，得不到认真的对待，因为谁都没兴趣了解我的想法。

我一有能力就搬出去住了，就是为了能够自己做主。幸好现在我已经长大了，可以自己做决定了。而且我下定决心，一定要换种方式教育我的女儿。

第三章 03

每个孩子都独一无二

Jedes Kind Ist Einzigartig

在一个美好的夏末的周六清晨，我在一个托斯卡纳小城的集市上闲逛。我买了点东西，然后坐在广场边的一家酒吧里，一边喝着意式浓咖啡，一边观察着周六出来买菜的悠闲行人。我看见一位怀抱婴儿的年轻父亲。那个婴儿正用他美丽的棕色大眼睛打量着四周熙熙攘攘的人群，真是个可爱的宝宝。在父亲臂弯的佑护下，他显然觉得很惬意。父亲和婴儿都散发出幸福而平静的气场。然而婴儿的面孔与众不同，他的上唇上方有一块很大的胎记。我半是伤感半是担忧地望着那孩子的脸，预想到他可能最晚到上幼儿园以后，就会因为他那个醒目的胎记而恼怒。

孩子不喜欢偏离常规——既不喜欢自己偏离常规，也不喜欢别人偏离常规。如果是孩子自己偏离了常规，他往往会表现得不自信和怯生，或者会有很强的攻击性。如果是别的孩子偏离了常规，那么这很可能成为去招惹那个孩子的契机。只有当孩子成为一个社会存在，希望在群体中得到身份认同感时，他才会萌发出符合常规或偏离常规的意识。在这个依偎在父亲怀中的婴儿的年纪，幸好还不存在这种归属感造成的压力。

即便我们希望孩子能够被他的同龄人接纳，我们也应该帮助他养成健康的自我意识，支持他和自己的个性建立起积极的关系，能够真正喜爱自己的个性。因为，每个人都是独一无二的，所以应该喜爱和珍惜作为一个绝无仅有、不可复制的集合体的人——每个个体首先应该自己喜爱自己，自己珍惜自己。只有父母对人的个体性持积极态度时，孩子才能学会这一点。

我又想到了那个婴儿，也许他的父亲会做到让孩子有一天能够喜欢自己的外貌，会因为自己积极意义上的“特别”而高兴。

强化个体性

即使孩子没有受到同龄人的嘲笑，也可能在接纳自己和自己的个性时遇到困难。

阿梅莉（19 岁）

从小我就被教育，不要引人注意。我母亲教我在人群中要甘当背景，不要表现得太突出。她和我的个性很不一样，我们是完全不同的两种女性。

我还小的时候就很受男孩子欢迎，他们觉得我长得漂亮，也一直都有男生喜欢我。这不是我自恋的幻想，本来就是这样的。我母亲想让我成为像她那样的女人：不惹眼，和性感完全不沾边，不要太有女人味。千万不要太漂亮，更不能性感！我才四年级的时候，她就叫我不要回头看我哥哥的朋友们——他们那时候上六年级。她一直向我灌输，有女人味或者有魅力是不好的，甚至是伤风败俗的事。

我花了很长时间才意识到这种教育方式违背了我的个性。现在我试着学会享受自己的女性特质，不要有负罪感。我觉得我母亲的动机本身并不坏：她不想我成为高傲自负的人，但是她让我走向了另外一面：我对自己的女性特质非常不自信。太悲哀了！为什么一个母亲就不能因为自己的女儿长得漂亮而高兴呢？为什么她不能让女儿相信自己的魅力，让女儿变得自信呢？如果我有了女儿，一定会让她觉得自己美极了，让她接受自己本来的样子。

“我觉得自己美极了，我接受自己本来的样子”——这里不仅指的是纯粹的外在美，还包括整个人的个性。请对自己说一下这句话。你能感觉到这句话传达的态度有着多么强大的力量吗？你能感觉到这种态度有多么积极吗？它能够给予人们内心的力量和平静，使他们掌控自己的人生。设想一下，如果你的孩子拥有了这样的态度，他将多么自信满满且内心安宁地在人生中跋涉。那么，如何才能帮助孩子获得这样的自我接纳呢？

让我们先从审视自己开始。

父母充满爱意的自我审视是孩子的榜样

我们想要教孩子任何东西的时候，我们自己就是孩子最有力、最直接的榜样。如果你希望你的孩子认为他自己好看极了，接受自己本来的样子，那么请先问一问你自己：你喜欢镜中自己的模样吗？你接受自己本来的样子吗？

我们中很多人肯定想都不用想，直接用“不”回答第一个问题，相信很多人也不会对第二个问题给出毫无保留的肯定答复。想起我们自己的孩子，大家都希望他们能够接纳自己，因为我们对他们有无穷无尽的爱。想起我们自己的时候，我们总是能找到很多理由，结果只能部分地实现自我接纳。结合我们的教育背景和成长经历来看，这种态度是完全可以理解的。培养自我接纳的态度是一生的功课。即便你——也许和很多人一样——对上述两个问题给出了否定的回答，也不要就此将本书扔到一边。

我们当然不可能因为想给孩子在自我接纳上树立一个好榜样，就能够让伴随了我们大半辈子的内心的批评者立刻闭嘴，也不可能响指一弹就化解了自我怀疑。不过我们可以培养自己的意识，认识到我们的态度会对孩子产生巨大的影响。如果孩子看到的我们总是在贬低自己，对自己缺乏信心，简而言之，不会用充满爱意的眼光审视自己，那么我们就给孩子示范了一种我们不希望他们拥有的人生态度和行为方式。

如果我们想教孩子如何与他人相处——比如尊重他人，有礼貌，有同理心——只向他们解释这些品质是不够的，以身作则更有说服力。我们要向孩子示范，如何在人际交往中践行这些品质。当孩子看到我们友善地向别人问好，说话时看着对方的眼睛，让对方把话说完，关切地提出建设性批评时，孩子就会把我们当作他们学习的榜样。亲力亲为胜过千言万语。在与自我相处的问题上也是同样的道理——孩子也能通过耳濡目染，从我们身上学会充满爱意地与自己相处：

我本来的样子就很好。

假如我们觉得自己还有改变的潜力，那么要知道，我们有一生的时间来学习如何发展自己、改变自己。与之前的研究结果不同，新的研究结果表明，成年人的大脑同样具有可塑性——我们成年人的大脑也能够产生新的神经元连接，相应地，人在步入成年以后也可以学习和改变。如果你直到今天也没能在自爱的驱动下建立起积极的自我认知，那么也许对孩子的爱——还有为了做激励孩子、让孩子信服的榜样——可以让你成功。

你可以努力改变自己和你的自我认知。“努力”听起来总是很累的——改变的过程确实是很累的，说不累都是假的。不过我要说，为了我们自身的发展，也为了我们的孩子，就算累也是值得的。

练习：用眼睛微笑

站在一面镜子前观察自己。镜中的你在用什么样的目光看着自己？是充满爱意的目光还是批评挑剔的目光？

我们大部分人都习惯用批评挑剔的目光审视自己——我们倾向于关注自己的“缺点”：川字纹很难看，眼袋好肿，皮肤毛孔太粗了……还可以无穷无尽地列举下去。我们每个人都会不喜欢自己身上的某些地方。当我们照镜子时，往往不会非常充满爱意地去评判自己。我们在镜中看到的自己的目光也相应地颇为严厉，双眼并不友善，也不温暖。

试着改变一下这样的眼神。试着充满爱意地看自己。要用温暖、欣赏的目光望向自己和所有使你成为你的事物。用你看向自己孩子的目光看自己，用你希望孩子看你的目光看自己。

你根本不用列举自己身上到底哪里漂亮或好看，你的气质又有哪一点吸引人——你就是值得被爱的，只是因为你是你自己。

试着用眼睛微笑，这比用嘴微笑重要得多。即便嘴已经机械地笑开了，眼睛依旧可能没有情感。最要紧的是眼里的笑意，是目光中的温度。眼里有笑意的时候，嘴角大多数情况下都会自然而然地笑起来——试一试吧。

当自己的目光变得挑剔、不满、冷酷时，要有意识、有耐心地反复“捕捉”它——我们的行为模式通常已经持续了几十年，要改变它可能需要时间。

也许你的父亲或母亲曾这样充满爱意地望着你，那么你就已经体验过被充满爱意的眼神落在自己身上的感觉，那么充满爱意的自我审视对你来说也会更加容易。如果没有，那就自己送给自己这样的眼神。也许你还不知道它蕴藏着何等的力量。

每当照镜子的时候，就想想这个练习。你，也只有你可以操控自己看自己的眼神。

我们中很多人会避免用喜爱的眼光看镜子里的自己，因为我们被教育说“这是虚荣和自恋的表现”。这样教育孩子的父母肯定也是出于好意，不希望孩子成为虚荣的人。然而这些父母走进了一个后果严重的误区：

自爱从来都不是虚荣，
也不是自恋或高傲，
它是对自我的接纳和欣赏。

充满爱意的自我审视根本不会和虚荣混为一谈。对自己好一点吧，充满爱意地看看自己。“充满爱意”的意思是“有爱”，这没有错。爱是积极的生命力，它能创造人与自我、人与他人之间的联结和同理心。我们给孩子的爱永远都不嫌多。学会了充满爱意地审视自我的人，不会变得虚荣或高傲，因为他的自爱确立了他的自信心。他不需要把自己抬得很高，因为他安住于自我和自我接纳中。恰好相反，如果缺乏自我接纳的基础，人就会显得自高自大，以此来补偿缺失的自我接纳。特别自恋的人往往是非常缺乏自信的人。自爱并不是自恋。

用充满爱意的自我对话给孩子做示范

我们在镜子中的目光关乎我们的外表，而我们与自我的对话则指向我们的内心世界。你在头脑里是怎么和自己对话的？你是不是急躁、颐指气使，有时还颇有攻击性？

你会用贬称称呼自己“我这个笨蛋”，“这不明摆着的嘛，我这个傻子”，还是会充满爱意地与自己对话：“这一次没能成功，没关系，明天我再试一次！”

父母与自己相处的方式也会映射到孩子身上。即使孩子听不见父母心里的自我对白，他也能感觉到父母对待他们自己是否充满爱意。当你充满爱意地与自己交流时，你就可以安住在你的自我之中，与自己的联结更为紧密，因此也会与你的环境产生更多的联结。如果你的行为方式正好相反，那么你的状态就会非常紧绷，很少散发出宁静、温暖和松弛的气场。

和镜中的目光一样，当你开始充满爱意地与自己交谈时，你散发出的气场也会发生变化。要对自己有耐心，不要用任何贬称称呼自己，要用美称和自己说话，用自己喜欢的昵称也行：

“你可以的，亲爱的。别担心。就算不行，天也不会塌下来——至少你尝试过了！”

不难理解，这种说话方式产生的作用完全不同于：

“哎，我又犯蠢了。明摆着的。”

你对自我充满爱意或进行贬低的相处方式都会呈现于外。一旦你成功地将自我对话调整到充满爱意的频道，你的孩子还有你周围的所有人都会感受到这种积极的变化。

耐人寻味的是，每当我们陷入自我怀疑或者不安的状态时，都会期望从外界得到给自己加油和鼓劲的话语。我们让自己在情感上依赖于外界，然而起决定作用的其实是我们自己对自己说话的方式，因为永远与我们相连的人正是我们自己。自己给自己爱和信任，才能让我们变得更坚强，不依赖于外界的安慰。大部分人在自我怀疑的时刻都会用严厉的、自我批评的语气对自己说："我老是这样，现在我又陷入瓶颈了，每次都这样。""就知道我不行……""我真的干啥啥不行/我是个饭桶/我太没用了……"

积极的自我对话显然比生硬、挑剔且贬低自己的自我对话更能给我们注入信心和动力。如果我们能够给孩子做出充满爱意地对待自己的榜样，我们就已经成功了一大半。没有人可以永远保持完美，永远情绪稳定。我们每个人都会经历紧张的、失落的、充满挑战的时刻，都会被逼到情绪崩溃的边缘。我们都有诸事不顺的日子，那时候我们对自己、对全世界都很失望，灰心丧气，完全没有力气。每当这时，充满爱意的自我审视似乎变得尤其困难。然而这时它也格外重要！

就像朋友陷入困境时，我们理所当然要格外体贴地支持他一样，我们也应该这样对待自己。做到完美不是关键，而是要让孩子看到，我们总是想着积极的力量，这种我们每个人都可以试着去激活的自我之力量。要让孩子看到，我们始终在努力找到新的平衡点，始终想要充满爱意地对待自己，这很重要。

练习：我是怎么和自己对话的？

改变的第一步是意识到自己的行为模式。坚持写几天自我对话记录：

每周一日对自己进行高强度的观察，坚持几周，发现你的自我对话模式。“抓住”你的自我责备和对自己说的缺乏爱意的话，然后把它们记录下来，接着想一想，你希望用什么样的语言代替这些话。

你可以把这些内容写在纸上，也可以记录在手机的“备忘录”里。一旦你注意到自己对自己说了那些缺乏爱意的话，就把它们换成更加友善的、给人鼓励的语言——就像你会对你的孩子说的话一样。试着观察自己成功的经历，并且承认它：“我成功了！做得很好！”

用积极的语言代替负面的自我对话：“你已经竭尽全力了。你虽然现在有点失落，但还是一个很好的人。再试一下就好了！”

假如我们发现孩子也在用贬称称呼他们自己，我们可以用同样的方式鼓励他们充满爱意地与自己对话，用积极的语言代替负面的自我对话。如果我们给孩子做出了充满爱意的自我审视与自我对话的榜样，他们就会学着我们的样子，也充满爱意地对待自己。我们看向孩子的充满爱意的目光，也能够进一步巩固他们充满爱意的自我对话方式。这目光就像在说："我就爱你本来的样子。"

这无条件的充满爱意的目光可以赋予孩子"原初信任"，因为接收到这种目光的孩子会感觉到：我是被爱着的——我的全部，我整个人的每一面，所有属于我的东西，都被爱着。如果孩子感受到了我们对他毫无保留的接纳和爱，就会在我们充满爱意的目光下成长，我们也就更容易创造出欣赏和亲密的家庭氛围，从而进一步促进孩子的自我接纳和自爱。这也意味着，父母不会用贬低或讽刺的语气和孩子说话，孩子总体上得到的都是善意的对待，父母也大有耐心地反反复复提醒自己，孩子是尚在成长中的人，不可能完美无缺，不可能什么都会，什么都知道。

当孩子体验过我们无条件的爱，他就具备了发展自身独特个性的基础。我们向孩子传达了接纳与宽容的态度。在我们的榜样作用下，这种品质会深刻影响孩子与其他人的关系。一个被无条件爱着的孩子更容易尊重和接纳其他孩子的个性。尤其对属于少数群体的孩子而言，无论是外貌、国籍或性别身份上的少数群体，培养良好的自我价值感可能是一大挑战。我们用无条件的爱和宽容教育我们的孩子，就有希望通过我们的价值观影响他们在对待其他孩子时的行为。

一位在德国长大的有移民背景的父亲告诉我，他小的时候总觉得因为自己有个外国名字，就必须表现得比同班同学更好。他总觉得自己缺乏价值，所以试图用出色的成绩进行弥补。他的同学还有老师们对他的名字的评价和玩笑也许加重了这一倾向。他小的时候总是希望，面对不同，人们不要嘲笑和排挤，而是开放和接纳。

第四章 04

通过夸奖增强孩子的自我价值感

Selbstwertstärkend Loben

夸奖很重要，但人们也可能在夸奖的方法上陷入误区。所以值得为这个话题写一个单独的章节。父母夸奖孩子，是有意以此增强孩子的自信心和自我价值感。只要在游乐场里待一会儿，就能见到这种广为父母使用的方法。在滑梯上，在攀爬器械上，在沙箱里，随处都能听到来自父母的夸奖：

“真棒，拉丽莎！”“太好了，萨米拉！”“好厉害呀，尼克，你造得好好看！”在夸奖的呼声之中总能听到：“看呀，妈妈！”“爸爸，快看——我堆的沙堡。”“妈妈，爸爸，我在这儿——快看这里！”父母在卖力地夸奖，孩子在使劲地寻求夸奖。想到能够增长孩子的自信心，父母心里就甜滋滋的——可是他们这么做真的可以增强孩子的自信心吗？

我们夸奖孩子常常是因为，我们希望用夸奖让他们懂得，我们欣赏他们的某种行为，他们以后可以继续保持。

“你把桌子摆得好极了。”（请每天晚上都这么做。）

“你很有礼貌地和丽莎阿姨打了招呼，太完美了。”（太好了，以后请对每个挑剔的叔叔阿姨都这么打招呼……）

“你真贴心，懂得和弟弟分享。”（你们不吵架就让我省了不少心，作为哥哥请一直这样对待弟弟。）

在数不清的其他时刻，当我们想增强孩子的自信心时，我们会因为各种琐碎的小事而夸奖他们：

“你画的画真是美极了。”（虽然其实只是一般般。）

“哇，这个乐高玩具飞机好棒。”（其实还行，不是真的“好棒”。）

我们给出的这种夸奖实际上是一种评价——我们在评价孩子的行为。他们会学到：当我做这件事的时候，妈妈就很满意，就会觉得我很棒。我只要这么做，就能得到关注和肯定。同时，孩子也可能会想：我要是不做这件事（或者做不成），妈妈就会不满意，就不会那么喜欢我了。没有孩子想要被父母拒绝。对孩子来说，把父母的欣赏和认可看得再怎么重要都不为过，为了得到它们，孩子会去做任何事情。夸奖背后隐藏的难题就是：评价性的夸奖会让孩子很快感觉到，当他们如何如何的时候，父母就会特别地爱他们，或者只有当他们怎么样的时候，父母才会爱他们——孩子可能会感受到，父母的爱不是无条件的。

孩子有着与生俱来的需求，想要感到自己被父母珍惜和接纳。如果父母有频繁地评价孩子的倾向，他们就会渴望得到正面的评价。想要获得奖励是我们的行为动机，这是由我们大脑中的奖励机制决定的。夸奖能够激活我们的奖励机制：当我们期待得到奖励时，大脑会释放出神经介质多巴胺。一旦获得奖励（这里的奖励即为夸奖），身体就会分泌阿片类物质、内啡肽和催产素，从而使人产生幸福感。这种对"幸福刺激"的需求会随着时间愈发强烈，可能会让孩子产生对来自父母的评价的依赖心理，他们会越来越积极地表现自己，只为了得到夸奖。

"那太好了！"很多家长看到这里会说："这就是我们想要的，让孩子做我们觉得正确的事情——这就是教育嘛，难道不是吗？"父母当然希望孩子"有教养"。以前的父母试图用威权达到这个目标，现在的父母通常会用夸奖或者积极的鼓励。然而评价性夸奖的危险之处在于，孩子可能不再出于自身的动力去做某事，而是主要为了讨父母的欢心，想要得到正面的评价。也就是说，驱动他们行为的不是内在动力，而是外在动力。我之前已经描述过了，一个自信的孩子的行为基于他的自我意识，他的自我价值感来源于他对自己的接纳。假如一个孩子首先关注的是讨父母的欢心，那么他就不是基于自我意识在行动，而是基于满足父母期待的意识，而他这么做是为了让自己感觉到被接纳、被珍惜和被爱。对他来说，重要的不是他如何评价自己的行为，而是其他人，特别是父母如何评价他。他不是根据自己的价值观行事，而是因为想要得到正面的评价。

如果只在意孩子外在的、可以观察到的行为，即孩子乖巧听话，做家长希望他做的事，那么评价性夸奖是一个可供选择的有效方法。然而如果我们关心孩子的需求——今天大部分父母都关心这个问题——我们就应该换一种夸奖的方式，绝对不能把夸奖当作变相的操纵。这显然更难了！为了驱动孩子做某件事情而夸奖他，从某种意义上来说要简单一些。就孩子的行为而言，这种夸奖也更有成效，因为孩子想要让父母高兴，想确认自己拥有父母的爱。所以用夸奖可以很好地引导孩子。

评价性夸奖的另一个风险是，会让孩子的自我价值感与成绩挂钩。当孩子感受到自己因为成绩受到了夸奖，就会去追求好成绩——然而这不是出于内在动力，而是外在的动力。我认为孩子为了获得好成绩，愿意付出艰苦的努力而且充满斗志，是一件很好的事情。然而他不应该让自己的自我价值取决于此。稳定的自我接纳不应该受到成绩的影响。这样当孩子的学业出现起伏时，他的自我价值感才不会被动摇。如果孩子确信自己拥有无关乎成绩的无条件的爱，这一定对他养成稳定的自我价值感有极大的助益。

讲清楚这其中的关联以后，很多家长一定会大感诧异——我以前也是这样。这有些伤了我们做家长的自尊心，毕竟我们好多年来都在这样夸奖自己的孩子，而且觉得夸得越多越好——根据公式：夸得越多，孩子就越自信——而现在却说，这个公式有副作用。我们是得好好消化一下。

那到底应该怎么夸奖孩子呢？还是不要再夸奖孩子了呢？一定有许多父母会不知所措、十分诧异地提出这些问题。因此，下文将给出一些基于上述思考的“夸奖建议”。

有意识地夸奖

我认为，有意识地夸奖是非常重要的。这意味着，我们不会对孩子的每件小事和每个理所当然的行为都夸奖一番，因为这会使他们习惯接受我们的评价，从而想要得到越来越多的评价。最后孩子的驱动力就成了父母的判断，而不是他们自己的判断。他的自我价值感会变得越来越依赖于外界的夸奖，只有当自己得到积极的评价时，他才会接纳自己。

所以不要每当孩子画了一幅画，或者爬上了攀爬玩具时，就条件反射式地喊“太棒啦”，而是要选择特定的时机表达你的认可、激动或喜悦。

当你真的觉得孩子表现得特别好时，才夸奖他。

假使一个孩子得到了过多的而且是未经思考的夸奖，当他凭任何一个小小的举动都能得到以“最”冠之的夸奖时，他可能变得自负。我的意思是，他可能会高估自己和自己的能力。高估自己的孩子绝对不会有很强的自我意识，相反，他的自我意识会很弱。所谓自我意识，就是对自己有恰如其分的评价——既不低估自己，也不高估自己。

发自内心地夸奖

我们意识到自己的行为模式以后，就不会再机械地夸奖孩子，而是当我们真的觉得想要夸奖时，才会夸奖孩子。这项任务可不轻松，但非常值得。如果你并不觉得某件东西或某件事“好极了”“棒极了”，就不要为了让孩子多多展示自己，或者因为想增强孩子的自我价值感，就装出那种样子来。不然这就是操纵性的夸奖。没有人愿意被别人操纵，无论孩子还是成年人。平等的教育意味着，我们要严肃对待孩子的需求，而不是为了满足我们自己的需求去操纵孩子。

注重描述，而非评价

为了避免条件反射式地对孩子进行评价，规避孩子的自我价值感依赖于父母的夸奖而可能导致的后果，我们可以在夸奖时进行描述。描述性的夸奖充满爱意地向孩子传达了，他被人善意地感受到了，得到了关注，同时又没有被人评价。

当一个八岁的小女孩站在游乐场里滑索的斜坡上，自豪地大喊“看，妈妈”，然后一下子往下滑时，我们可以回答：“看见啦！你嗖地一下就滑下来啦！”这就不是评价，不同于：“你好厉害！太棒了！”

当孩子给我们看他画的画，然后问：“妈妈，你觉得这幅画怎么样？”我们可以不做评价，不用惊呼“好极了”，而是以描述作为回应：“你用了明亮的颜色，看起来很欢快。你喜欢这种颜色吗？”

通过我们的描述和观察，我们给予了孩子善意的关注与重视。孩子会觉得我们感受到了他，而没有评价他。他注意到我们关注的是他本人和他的行为。对孩子来说，我们的关注非常重要。然而孩子总是寻求我们评价的习惯，其实是在我们一次又一次的夸奖中训练出来的。通过给予他们关注并描述我们的感受，可以避免出现这种情况。评价在这里根本不是必需的。

与其强调我们自己的想法，不如鼓励孩子形成自己的想法。

鼓励孩子进行自我评价

阿琳娜：“爸爸，看，我自己做的。”

父亲：“看起来挺复杂的，肯定很难搭吧，是不是呀？”

阿琳娜：“是呀，我搭了好久。”

父亲：“我想也是。你喜欢它吗？”

阿琳娜:“我觉得它很好看，但是屋顶搭得不太好。”

父亲:“怎么不太好?”

阿琳娜:“太晃了。”

父亲:“你觉得不好，那就再试一下，把它弄稳一点。你想到该怎么办了吗?”

阿琳娜:“嗯，我试试吧，再把旁边粘一下。你能帮帮我吗?”

父亲:“你先自己试试吧，要是还不行，我再来帮你。”

阿琳娜:“好吧。”

在上述例子中，父亲试图表扬阿琳娜的手工作品的复杂性。这是对女儿作品的有针对性的分析，比喊一句笼统的“真棒”更有说服力。父亲也没有把自己的评价放在首要位置（“我很喜欢”），而是询问阿琳娜自己的评价，也没有否认女儿的自我评价（诸如:“哪里不太好呀，明明就很好看呀……”），而是分析女儿的自我评价，并且鼓励女儿寻找解决办法。

必须承认的是，压抑我们自以为对孩子好的条件反射式的评价性夸奖，违背了我们的习惯，也并不容易，只因为孩子脸上的微笑会让我们十分欣喜。评价性夸奖可以触发孩子大脑中的奖励机制，让他们获得短暂的幸福感，也能让亲子关系更加和谐。然而从长期看来，这会使孩子养成情感上的依赖，不利于培养其自主性。尽管如此，我还是不得不说，一开始我们会觉得描述性夸奖与本能相悖，而且它需要我们能找准什么时候才是必须夸奖的时候，还需要我们具备避免评价性夸奖、使用描述性夸奖的意识。

良好稳定的自我价值感的基础是父母无条件的爱和对孩子自主性的培养。自主性不仅包括孩子学会独立地做一些事情（自己穿衣服，一个人去买面包，独立完成作业……），还有独立地做出自我评价，例如：

我觉得什么是好的？

我喜欢什么？

我怎么评价自己？

我想成为什么样的人？

我们克制住进行评价性夸奖的冲动，把孩子对自己的评价放在首位，就是在促进孩子自我意识的形成，这对于养成稳定的自我价值感非常重要。针对这种夸奖方法，许多家长会提出这些问题：这么做难道不会损害我们对孩子的情感和亲密感吗？这是不是太偏重理性了，而缺了点本能和感情？

放弃条件反射式的评价性夸奖，的确需要有意识，需要理性，这没有错。如果说父母仅仅是不再像以前一样频繁地喊“太好啦”“做得好”还有“你真棒”，也并不意味着他们没有感情，没有用心。正如我之前所说的那样，描述性夸奖是对孩子的行为做针对性的分析，不是笼统的正面的夸奖。我也认为，当孩子完成了一些特别的事情以后，父母当然可以和他一起高兴，也可以喊：“你做得太棒了！真了不起！”

但是父母只有在特定的场景下才应该这么做，不要条件反射式地喝彩叫好。关键是要进行有意识的交流，还要避免无意识的以及操纵式的夸奖。

夸奖孩子的努力

斯坦福大学的心理学教授、动机与发展心理学专家卡罗尔·德韦克致力于研究夸奖对儿童行为的影响。她在这方面进行了无数的调查，研究了所谓的“努力效应”（Effort

Effect）。在一次针对家长的问卷调查中她发现，超过 80% 的受访家长认为，有必要夸奖孩子的天赋，以此增强孩子的自信心，提升他们的能力。这种方法乍一看很好理解，也很可信。然而德韦克想要得到确切的研究结果，所以又开始进行调研，试图以科学的手段验证这一方法的正确性。于是她带领团队调研了上百名正值青春期的中小学生。他们首先让作为被试的青少年做了一些智商测试题。大部分学生的测试结果都很不错，他们在得知结果时得到了夸奖。

在这里研究者分别运用了两种夸奖方式：对有的青少年，研究者夸奖了使他们能够成功通过测试的天赋。对于其他青少年，研究者没有夸奖他们的天赋，而是夸奖了他们为了解答问题而做出的努力。

接下来有意思的研究步骤就是，检验不同的夸奖方式对青少年的动机和成绩的影响。起初两组青少年的结果相同。然而当他们受到夸奖以后，两组的反应却不尽相同：其天赋受到夸奖的青少年拒绝解答更难的题目——他们害怕犯错误，害怕自己的天赋遭到质疑。而在其努力受到夸奖的青少年中，90% 的学生都接受了新的挑战，并且“自愿”地去解答更难的问题。

在接下来的一轮实验中，两组学生都拿到了更难的任务，他们都没能很好地答出题目。这时两组被试的心理活动是非常不同的：其天赋受到夸奖的青少年认为自己不够聪明，所以解不开题目。在这轮极具挑战性的任务中，其努力受到夸奖的学生却并没有怀疑自己的智力，而只是认为他们应该更努力，或者采取另外的解题策略。

夸奖的方式也会影响青少年完成任务以后的喜悦程度。做了第二轮较难的任务之后，其天赋受到夸奖的青少年解题时不再感到喜悦，而其努力受到夸奖的青少年的喜悦感并未消失，他们甚至觉得解难题更有乐趣。

两组的成绩也大相径庭。即便第三轮的任务简单了不少，“天赋组”青少年的表现依然欠佳，而另一组青少年的成绩有所提升。

这项调查的结果尤其令人震惊：参加实验的青少年们被告知，其他学校的学生也会做这个测验，他们需写下自己对该测验的印象和他们的测验结果。“天赋组”中近 40% 的学生把自己的测验结果改成了一个更高的分数。显然他们觉得自己的测验结果（于他们的天赋而言）是一个耻辱，所以试图掩饰它。多么震撼啊！也就是说，成人的夸奖固然是出于好意，但如果关注点错了，不仅会限制孩子，还会使得他们以自己的“失败”为耻，而不是承认失败。

卡罗尔·德韦克的见解是，“夸奖孩子聪明，最终会导致孩子愈发觉得自己笨，行为也愈发笨，但他还是会坚持说自己聪明。这绝非我们夸奖一个人‘有天分’‘天资聪颖’或者‘天才’的本意。我们无意于剥夺他们对挑战的渴望，也不想破坏他们走向成功的策略，然而危险恰在其中”。

我们夸奖孩子的智商或天赋的时候，会让他们短时间内“自我价值感爆棚”，长期看来，这种方式的夸奖会削弱他们的行动力和面对挑战时的毅力。他们会因为害怕失败而不敢接受挑战，也不会把挑战视为学习的机会。就此，德韦克谈到了“固定思维”和“成长思维”。夸奖诸如智商或天赋一类的固定特征，会强化“固定思维”，孩子会认为自己的天赋和能力是与生俱来的，是固定不变的。而夸奖孩子在完成任务或某项活动中投入的努力，会强化其“成长思维”，孩子会由此认识到自己在不断成长，而天赋和能力是可以后天习得的。

反思

细想一下，你小时候有没有得到过夸奖？得到的是怎样的夸奖？是过度热情的夸奖？是保守的夸奖？还是描述性的夸奖？

你认为这些夸奖对你产生了怎样的影响？今天的你渴望得到夸奖和认可吗？还是相较而言你不怎么受其影响？回忆自己有关夸奖的经历及其影响，能够让你更有意识地夸奖自己的孩子。

为了引导孩子改变自己的动力，增加在学习中付出的努力，我们不应该夸奖孩子的某些固定品质，而应该夸奖他的努力。举个例子，不要说："你真是个语言天才！天啊，你竟然写出了这么好的句子！"我们可以这样表述："这篇文章的主题很有挑战性。主题这么复杂，你文章的结构却很清晰。我虽然不了解这个话题，但也读懂了你的文章，学到了一些东西。"

或者在孩子做运动时，不要说："你是个天生的运动员！你投篮的样子，真是天才啊！"我们这样表述，才会让孩子变得更强:“看得出来，你苦练以后投篮更稳了。你也注意到了吗?”

我们要夸奖孩子的努力、专注、毅力和投入，这才是他们能够得到提升，能够受到训练的能力。这会激励孩子付出努力，接受挑战。这里我们也要试着避免条件反射式的评价。让孩子知道我们正在看着他们的努力，既可以鼓舞他们，又不会让他们感到自己正在被我们评价。

05 第五章

帮助孩子开发潜能

Kindern Helfen, Ihr Potenzial Zu Leben

几乎在每一位成功人士的传记里都能找到一位或者几位早年对其意义重大的导师。这些导师通常是他们身边重要的抚养者或教育者，他们相信孩子能够做到某件事，或者为孩子指出其潜力所在。这些成年人，通常是孩子的父母或祖父母，有时也可能是家庭成员以外的人，给予孩子信任，使得他们开始敢于去做某事，并且相信自己，相信自己的能力。

每一位父母都要判断自己的孩子能够做到什么事情，而且不能对他要求过高，不能给他造成伤害——可以肯定的是，父母对孩子的信心能够增强孩子对自身能力的信心。在父母的信心的影响下，孩子可能会去追求他原本不敢想的难以实现的目标。每当我们阻止孩子做某项活动时，都要好好想一想，我们对孩子的限制是真的为了孩子的成长着想，还是因为我们想要轻松一点，不想操那么多心，想要通过短时间内管住孩子来节省自己的时间和精力。我们不但有监护孩子的责任，还有支持孩子发展的任务。成功完成这一任务意味着，让孩子在每个年龄段都迈出走向独立自主的一步。我当然不是在鼓吹为了培养独立自主的品格而放弃监护责任，但是我们平日里一些经常是为了安全而做出的决定，向孩子释放了“很多事我们都不敢让他们去做”的信号。孩子是不是已经可以自己去买东西了？是不是已经可以自己骑自行车上学了？是不是已经可以清洁洗碗机了——即便他有可能会打碎一两个盘子？

首要问题是，我们自己得敢于放手。

为什么？我自己的感受是，给予孩子一定的自主度，并且让他承受一定范围内的风险是很难的。孩子有了自主度，就可能会带来一些不那么愉快的体验。这一点想必大部分家长都能感同身受。首要的问题是我们自己的承受力：如果孩子自主地活动，独立地去做某件事情，他可能会——这些情况是难免的——弄疼自己？失望了？受伤了？许多父母自己就是在约束严格和少有自由的环境里成长起来的，或者生性谨小慎微，喜欢操心。对这样的父母来说，孩子越来越强的自主性就是一大挑战。有的父母因为天性的缘故，比较容易信任孩子的自主性，不怎么进行家长式的干涉。还有的父母在自己的成长经历中也得到了很多来自他们的父母的信任，所以继承了这种教育风格。

插上信任的翅膀

回忆童年，我觉得最快乐的经历都发生在和朋友们一起上学、放学的路上。我们成立了自己的秘密社团，还在森林里搭了一个基地，只有说了接头暗语才能进去。我们还爬上无人居住的房子，在上面编谍战故事。独立自主的感觉、集体归属感和冒险的氛围混合起来，形成了快乐与幸福的童年。多么有趣，多么自在。那时候还没有手机，大人无法随时联系上孩子，而且我们的父母也显然并不担心，任由我们这些没有大人陪同的孩子在森林里玩耍。在我的孩子的成长过程中，想到今天他们拥有这类冒险体验的机会已经少了很多，我就颇为痛心。另一方面，他们肯定也有（但愿有）我至今都不知道的冒险经历……

我们这些家长总是在控制孩子和给予孩子自主权的两极之间摇摆。即使现在孩子自由活动的空间比我们小时候更加规范，也更加狭窄，我们还是能给他们培养自主性的机会——我们同样也有可能限制他们自主性的发展。其中的区别从游乐场就开始了：我们是不是一直站在孩子身后，就为了万一孩子跌倒，我们能马上把他扶起来？还是我们给孩子留出了足够的空间，让他们自己进行探索和独立的尝试？

在不同的年龄阶段，我们会让孩子独立地做哪些事情？对于刚刚发现自己有独立性的2~3岁的孩子来说，“我自己来”是他们最爱说的话。他们巴不得可以自己做所有的事情：自己穿衣服，自己抹面包，自己上楼梯，自己上车，等等。如果我们常常插手，主动帮孩子穿衣服，帮他们抹面包，把他们抱上楼、抱上车——这样虽然能节省时间和精力——但时间一长，孩子可能会养成习惯。根据不同的天性，有的孩子可能会干脆放弃自主权，变得依赖父母，另一种脾性的孩子则更难应付，他们会用哭闹争取自主权。

控制孩子和争取自主权的斗争往往会在孩子的青春期激化。这时孩子的成长任务之一是，在某种程度上与父母解绑，养成自己的独立性，成为成年人。这时同龄人就会变得非常重要，父母不再经常充当孩子的知心人的角色。对许多父母来说，这个阶段十分艰难，尤其是对那些很难放弃对孩子的控制，并且把孩子的自主性视为情感伤害的父母。我经常观察到，面对孩子的反抗，控制型父母会进行挑衅，然后得到与之期望相反的结果。

孩子小的时候，父母的控制通常会增强孩子的顺从度和适应性，但是当孩子逐渐长大，对自主决定权的需求增强以后，父母的控制往往只会带来隐瞒、谎言或者公然的反抗。一些青少年形容道，父母对他们的控制行为不仅表现出对他们的不信任，还令他们感到窒息。他们激烈的反应告诉我们，对儿童的信任里蕴藏着多么积极的力量——对青少年也是如此。儿童和青少年一旦感受到了我们的信任，他们照理说不会想让我们失望。我们的信任可以给他们插上翅膀——让他们积极有为，行事更加成熟而合群，而且最重要的是，让他们信任自己。

我们对孩子充满爱意的信任，
能让他们发现和体验自身的潜力。

不信任的效果正好相反，它会给孩子泼冷水，阻碍孩子成长。因为孩子得到的信任很少，所以会觉得自己缺乏价值。这将滋长自我怀疑和低自我价值感。

在孩子还很小的时候，我们就能表现出对他们的信任。让年幼的孩子帮父母做事，完成一些小任务，会让他们感到无比自豪，比如布置餐桌、喂狗、浇花，或者去面包店买面包。

相信孩子，放手让他们去做些事情意味着，我们相信他们是有能力的。一个对我们来说十分重要的人给了我们不带偏见的信任，没有比这更鼓舞人心的事情了。对孩子而言，父母就是至关重要的人物，如果父母看好孩子，就会让孩子的内心成长壮大。他们会充满动力，想要证明父母的看法，由此就有了力量。因为从父母那里体验和感受到了信任，他们对自己的信心也增强了。

安东尼娅（9岁）

我的钢琴老师每年都会组织她的所有学生表演。我第一次表演的时候又紧张又害怕，每次有考试或者比赛的时候都会这样。但令我惊喜的是，我的表演相当成功。演出结束之后，妈妈送了我一个手工编织的篮子，这是她提前给我选好的礼物。我很惊讶，她竟然之前就知道我会表现得很好。她说她就是知道。这种感觉太好了，让我非常自豪。

关键在于，我们不仅要用语言表达对孩子的信任，还要在行动上表现出来。如果我们对孩子说“你可以的”，但是我们的行为又在告诉孩子，我们其实并不怎么信任他，结果只会适得其反。

当孩子在成长过程中迈出一步时，我们作为父母也会非常紧张。我们不应该因为自己的恐惧就阻挡孩子获得独立自主的品质，而且我们要时常反思，自己的担心到底是合理的还是过了头。与在其他所有教育情境中一样，身教重于言传。如果我们说一套，做一套，孩子是会注意到的。父母言行不一会让孩子没有安全感，会损害孩子对自己的信心以及他们对父母的信任。

弗雷迪（11 岁）

我所有的朋友都骑自行车上学。妈妈和爸爸也说，我今年就可以骑车上学了。我自己骑车上了两天学以后，妈妈就主动提出要开车送我去学校。我知道，她这么做是因为担心我路上会出事。

我不喜欢这样。她表现得好像允许我做这件事，但实际上又不允许，也不愿意我一个人骑车去学校。

假如父母不信任孩子，不相信他们能够稳妥行事——孩子还不成熟，父母对孩子缺乏信任也情有可原——我总是建议父母和孩子之间好好聊一聊，不建议父母暗中控制孩子，或者做出任何可能埋下不信任的种子的行为。如果我们在这种情况下都能把孩子当成谈话对象来认真对待，平等且充满信任地与之交谈，我们就展示出了我们对孩子的尊重。人一旦觉得自己受到了尊重，大概率会试图去满足与这种充满尊重的交往方式相关的期待。

如果教育孩子的父母自己对人生大体上就持怀疑态度，总觉得他人会让自己失望，或者自己会被他人欺骗和背叛，而不是愿意信任他人，看到他人的好处，那么这种人生态度也会对孩子产生影响。他们的孩子很难用充满信任的姿态去面对人生。这些孩子成年以后，必须付出努力才能改变这种受父母观念影响而形成的怀疑的、自我设限的人生态度。

我一次又一次地体验到了信任的魔力——孩子一旦感觉到我们信任他们和他们的能力，往往就会有积极的发展。相较于不信任造成的恶性循环，这会开启一个良性循环：我们相信孩子，孩子感受到了我们的信任，于是更有好好表现的动力。我们观察到了孩子良好的表现，从而增强了我们对他的信任。这份信任又反射到孩子身上，使得他更能保持自己的良好表现。

反思

你上一次告诉孩子你信任他，是在什么时候？你小时候有没有大人相信你能做某事，你是否能回忆起这份信任带给你的美妙感受？

父母如果想给予孩子庇护感和安全感，基本的信任是其重要的组成部分。假如你发现自己或你的伴侣对人生的基本态度是批评的、怀疑的，那么你就应该意识到，这会限制孩子发展的可能性。

试着在不同的情境下不断反思，你的怀疑是不是有道理，还是可以用有更多信任的态度来代替这种怀疑。心理医生或心理咨询师也许会对此有所帮助。

心态最重要

我们的心态决定了我们是倾向于看见好的一面还是坏的一面，我们是倾向于在某种境遇下认为自己是“受害者”，还是相信可以通过自己的思考、意志、行为和能量影响周围的事物。能够意识到心态的力量的人，是积极的人。他们努力改变人生境遇，而不是任由境遇改变自己的人生。

卡罗拉（48岁）

我母亲总是说："既然做了，就要做好。"我以前很讨厌这句话，因为我母亲总是用责备的语气说这句话。每当我在做一些我不乐意做的事情，心情不好，事也做得不好时，她就会对我说这句话——比如她让我打扫楼梯的时候。然后这句话就会激怒我，让我更加沮丧。现在我自己也做了母亲，已经可以更好地懂得她的意思：态度可以影响情绪。是想"唉，好惨，我不得不做这些烦人的家务，真是浪费时间"，还是想"我的帮忙可以让家里的气氛变好，那我要好好干"。因为当我抱着积极的心态去做这件事的时候，我不仅会做得更认真仔细，还能更加快乐，而且最后也能做得更好。

我们可以用半满或者说半空的水杯来向孩子解释这个道理：每个人的视角不同，想法和情绪也各不相同。即便是很小的孩子也能明白这个道理。

半空的水杯：

想法：哦不，我只剩半杯水了。可惜呀，水要是再多些就好了。

情绪：匮乏，不满足。

半满的水杯：

想法：太好了，我有半杯水。水还有很多。

情绪：充实，满足。

天性倾向于看见“半空的水杯”的人在美好的时刻里也会发现“美中不足”，也就不那么享受那一刻。而天性倾向于看见“半满的水杯”的人即便在不完美之中也能自得其乐。对于事物，他们有“往好处看”或者“往好处想”的天赋。

孩子从很小的时候起就可以开始学习用意念控制自己的情绪、行为和满意度。我们的心理和生理健康都在很大程度上受到我们的意念和人生观的影响。我们不是木偶，我们可以控制自己。要控制自己，必不可少的就是察觉到自己的想法和观念。

不过这对成年人来说也并非易事，有时无论儿童还是成年人都需要另一个人的点拨。这个人也许是他们亲近的人，也许是心理治疗师，能够指出让他们的人生格外艰难而自身却没有意识到的某种行为模式。

我们的心态可以带我们奔向某个目标：
我要往那个方向去！

当你帮助孩子养成建设性思维的时候，就是在帮助他。这种思维会将孩子导向他想去的方向。当我们发现孩子有妒忌、猜疑、不友善的想法时，要倾听他的想法，和他讨论他的情绪。重要的不是消除他的这种情绪，而是当孩子身处激发他这种情绪的环境中时，我们要支持他，并且尽可能让他产生别的看法。我们的体验并不一定是发生在我们身上的事，而是我们对此做出的反应——即我们看待某种境遇的方式。

让我们来看一看在小女孩的友谊中经常出现的一个场景，它往往与愤怒、失落和被拒绝感相关：

米娅（9岁）

米娅因为她的朋友艾拉而感到特别失落，因为艾拉和其他小女孩玩到了一起，不再和她一起玩了。现在米娅不再是艾拉最好的朋友了，莉娜和艾拉才是最好的朋友。米娅非常难过，她怒气冲冲地告诉她的妈妈，说她要“报复”艾拉，要把艾拉的“秘密”告诉其他小朋友。她把艾拉视为叛徒，而且非常愤怒、悲伤和失落。

母亲感受到了女儿难过的情绪——遭到朋友的拒绝，或者“冷落”，尤其对于年龄较小的孩子来说，是一种常见的经历，许多成年人自己也有类似的痛苦的儿时回忆。米娅的母亲也是这样，因为她自己之前也经历过“最好的朋友之争”，所以能对女儿被拒绝后的情绪感同身受。米娅的母亲把女儿搂在怀里，告诉她，自己理解她的失落和愤怒。母亲也向米娅解释了，米娅的复仇心理是可以理解的，但是不会改善她当前的状况，只会适得其反：如果米娅说艾拉的坏话，她们之间的裂痕只会变得更大，被拒绝、愤怒和孤独的感受会变得更强烈。她试着告诉女儿，艾拉和其他小女孩之间的友谊并不一定是对米娅的背叛。米娅自己也不止有一个朋友，她并不会因此就成了“叛徒”。

她们一起思考如何改善米娅的处境。母亲问她：“怎么样做你才会感觉好一些？”米娅随口说：“艾拉重新和我一起玩。”母亲问她，如果她把艾拉的秘密告诉了别人，艾拉还会不会和她一起玩？米娅否定："不，当然不会，艾拉会讨厌我，然后永远都不和我一起玩了。""嗯，那该怎么解决呢？"母亲问女儿。米娅想了一会儿以后，轻声说："或者我去找艾拉，然后说我想她了？想和她还有莉娜一起玩？"

母亲鼓励米娅使用这个方法，并给她打气，促使她迈出这一步。母亲告诉女儿，无爱的行为（泄露秘密）只会带来无爱的后果（被拒绝、愤怒、孤独）。虽然主动去找朋友会有失望的风险（如果朋友不接受自己的话），"不过你尝试过了，而且用的是善良的方法，"母亲解释道："因为你没有做坏事，所以就不会自责。如果没成功，你就知道了自己在艾拉心中的位置，你可以试着找另外的朋友。如果成功了，你正好借此机会证明了你是个真朋友，会去争取友谊。"

在这个案例中，母亲通过感同身受以及与女儿共同思考对策，帮助女儿把自己从"受害者"的位置上解脱出来。受害者害怕与外界接触，或者戒备心过强，并且因为受过伤害而无法采取合适的、建设性的行为策略。这对于成年人来说都十分艰难，对孩子来说更是不易，因为负面情绪对他们来说往往是压倒性的。孩子遭受痛苦或委屈时，尤其需要父母的介入与支持，防止他们因为受到伤害而做出一些不假思索的行为。就像米娅的母亲所做的那样，父母可以为孩子提供一种新的评判方式：米娅成功地从“我是受害者，因为我遭到了背叛”的视角，转换成了“我是一个有主动性的个体，即便是在棘手的情况下也能去争取友谊”的态度。相应地，她也采取了一种建设性的新行为策略。

在日常生活中，我们可以反复向孩子强调，他们可以用自己的心态左右他们的体验。比如，当学校里的其他孩子说了他的坏话，让他很受伤的时候。我们可以从小不断地告诉孩子，他们对自己的评价有多么重要：

克拉拉：“妈妈，今天课间的时候托妮和内莉说我很笨。”

母亲：“那你觉得她们说得对吗？”

克拉拉：“不对，根本不对。她们好坏，这么说我，我很难过。”

母亲：“可以理解，她们这么说你让你很伤心，宝贝。讲别人的坏话是不对的。可是你知道吗？别人怎么说一点都不重要。重要的是，你是怎么想的。你觉得，你根本就不笨，而且很聪明。那你就完全不必因为别人这么说你而伤心。你，只有你自己可以决定自己的情绪。没有人可以钻到你的脑子里来替你做决定。你可以说‘我很聪明，而且我决定要开心’，不管托妮和内莉说了什么。能决定你情绪的人只能是你，不是别人。你只用相信自己的想法，然后再按自己的想法去做。”

我们可以反复向孩子解释，让他伤心难过的不是其他人的行为，而是他自己对这些行为的解读。他人无法左右他，真正左右他的，是他自己对他人行为的解读。孩子不必认为他人讨厌或者恶心，也不必因此伤心良久。他们可以相信自己对自己的判断，相信其他孩子对自己的恶评是不对的。他们也可以自己决定，不让自己受到这些评价的影响。关键是要让孩子理解，他的心态可以在大多数情况下（情绪起伏极大的情况下除外）影响自己的情绪。

是要听从他人的想法，让自己受伤，还是要相信自己的想法，增强自我价值感，保护自己，全都由我们自己决定。

鼓励型思维与打击型思维

孩子如果体验过自己的影响力，就会相信自己的能力，从而能够自信地独立完成任务和解决问题。这会对他的自我价值感产生积极的影响。我们都体验过以一己之力解决一项难题之后的成就感。这种感觉使人如虎添翼，让人变得更有力量。在这样的体验之后，我们会觉得自己像充了电一样，动力倍增。这样的经历还能让我们在未来有底气应对相似的甚至更加困难的挑战。

这种积极的动力正是始于我们的头脑之中——我们自己的思维。我们可以产生欣赏自己、鼓励自己、相信自己的思维——鼓励型思维，也可以产生贬低自己的、悲观的思维——打击型思维。

贬低自己的思维方式会妨碍孩子体验到自己的影响力，因为这样的思维会让孩子自己给自己泼冷水。

如果孩子在面对挑战时倾向于较快或者条件反射式地说："我做不到！"他就会有无助、缺乏勇气、悲伤和自我贬低的感觉。他的行为也相应地比较被动，缺乏斗志和目标。他体验不到自己的影响力。孩子当然觉察不到自己的思维模式，就连我们成年人也往往需要通过心理治疗或者其他的外界援助，才能认识到自己无意识下的行为机制和思维模式。

“超级艾玛，全速前进！”

如果你发现孩子表达出了自我贬低的想法，就应该和他谈一谈，问出他产生自我怀疑的原因。然后你们可以试着一起应对这种怀疑。比如当孩子面对一项任务灰心丧气地说“我做不到”的时候，你们可以一起想一想，如何把这项看上去无法完成的任务拆分成更小的、比较容易完成的子任务。

雷娜：“我做不到！”

母亲：“听起来有些丧气啊。你觉得你做不出来这些数学题？”

雷娜：“对呀，这些数学题太难了——我怎么可能做得出来呢？我根本都不知道该从哪里入手。”

母亲：“理解。确实很多题有时候就像翻不过的大山一样。我知道这样的感觉。你知道可以先从哪里开始做吗？”

雷娜：“嗯，最好从简单的题开始做。但是还剩这么多，我不想做了！”

母亲:“你不用一下子全部做完。咱们可以把登山的过程分成一个个小阶段。做完了简单的题，你就休息一下——去花园里跳10分钟蹦床。然后你再做10道题，我们再一起喝杯可可，休息一下。这样你就快要做完了——只剩最后10道题了。你做不下去了就叫我，咱们一起看看。”

雷娜:“好，这样还可以。那我试试吧。”

另外你还可以鼓励孩子换一种思维，不要总是说“我做不到”。告诉孩子，他才是自己思维的主人。对自己采取鼓励型思维还是打击型思维，都由他自己来决定。向孩子解释，鼓励型思维可以让他变强，而打击型思维会让他变弱。直接问孩子，脑海里想着“我做不到”和“我现在沉下心来完成任务，一步一步地把它做完，我可以的”时，心里的感受有什么不同。

你们可以一起找到合适的鼓励自己的方法。也许孩子有主意，如果没有，你可以这样引导他：

“开始吧！”“一,二,三——这不是魔法！”[1]或者你们可以用孩子的名字编个顺口溜:“我叫杰奎琳，做事一定行！”

[1] 德语里这一句是押韵的。——译者注

你们越喜欢这种文字游戏，有越多这样好玩的点子，越经常一起大笑，就越好。一起大笑可以营造轻松的氛围，在很多情境下可以消除沉重感。

也可以给孩子起一些加油打气的绰号："大力马克斯可以的。""超级艾玛，全速前进！""司令员提姆负责指挥！"

当孩子面临挑战感到紧张的时候，念一些劝人镇定的顺口溜也能有所帮助。其实孩子能够向你敞开心扉，说出他的感受，就已经很好了。孩子能够向你倾诉他的不安、恐惧或紧张的时候，这个行为本身对他而言就是巨大的放松，因为他可以不用再独自面对自己的负面情绪了。如果你还能和孩子一起找到一些建设性的想法，改善孩子的自我感觉，让他更自信地应对日常生活中的挑战，那么这对孩子来说当然是莫大的支持。

在艰难的处境下，可以根据孩子的年龄用一些虚拟人物为他加油打气，鼓励他克服困难或者直面挑战。这些虚拟人物可以是类似于超人一样的漫画人物，也可以是孩子最喜欢的布偶公仔，或者你们可以想象出一只小龙，让孩子和它一起去冒险。

虚拟人物的选择范围没有限制，可以视具体情况和孩子的喜好而定。孩子通常都会喜欢这种有虚拟人物在帮助自己的设定。

当孩子产生自我怀疑或者感到沮丧时，你可以给予他有力的支持。耳朵要灵敏，一旦孩子开始用打击型思维贬低自己，要尽可能迅速地参考上述方法做出反应：首先引导孩子停止自我贬低，转而把面临的困难视为挑战。承认孩子的困境，也是很重要的。假如你出于好意想让孩子勇敢一点，就故意对他面临的困难轻描淡写——比如："嗨，没什么大不了的，你可以的！"——这对孩子并没有什么实质性的帮助。孩子的自我怀疑还可能会因此加剧，因为他自己觉得这项任务已经很难了，你却说它不值一提。那么他也许会觉得自己更不可能完成这项任务了。设想一下，你明天要在很多人面前做一个报告，你对自己的伴侣说，你在公共场合一讲话就紧张，明天肯定讲不好。你的伴侣的反应是："亲爱的，这就是小菜一碟，你肯定手到擒来。"其实听听来自伴侣的正面评价也挺好，但是它肯定无法消解你的自我怀疑。

孩子如果习惯于贬低自己，就会形成负面的自我评价，这会损害孩子的自信心和自我价值感。自我贬低的评价会让孩子产生无助感，从而妨碍他采取充满斗志和有建设性的行动，他也就不会体验到自己的影响力。自我贬低的评价会使得孩子消极被动、保守胆怯——孩子什么事或者很多事都不敢做，不能发挥自己的潜能，也不去努力，因为他并不相信自己会成功。

但是父母可以去体谅孩子的怀疑与恐惧，并且化解它们，以开放的态度支持孩子。我们可以把困难当成刺激有趣的事，而不是应该竭力避免的事。研究表明，抗挫能力强的孩子，即那些不会因为挫折而丧失勇气或气馁的孩子，倾向于把困境视为挑战，而不是负担。这类孩子有着充满希望的、乐观的人生态度，并且对自身的能力有切合实际的认识。

练习：科学家的视角

在孩子遇到困难时，关键在于不要让他被负面情绪压倒。我们可以引导孩子后退一步，让他和眼前的逆境保持一定的距离，打个比方，就像科学家分析实验结果一样去审视现状。科学家也许会饶有兴趣地对实验结果进行各种解读：“有意思！这里是个什么？让我仔细看看。”科学家分析了样本以后，就会规划下一步该怎么做。“很精彩嘛！遇到这种情况我该怎么办呢？应该怎么处理这些实验结果呢？”

这种充满兴趣的态度很重要，因为其中蕴含着包容坦然的心态。如果我有包容坦然的心态，那么我就能够用分析的眼光看待问题。这种“科学家一样”的视角可以帮助我们在情感上同眼前的问题保持一定的距离，从客观的角度审时度势，而不是被恐惧的情绪压垮。科学家不会做好与坏、对与错的判断，他们只会区分有研究价值和没有研究价值的事物。他们总体而言充满好奇心，有着包容坦然的心态，想要探究这个世界，理解其中的各种联系。

把眼前的情况当成一种有趣的局面，可以帮助我们将它视为挑战而不是负担。把自己和自己在这个有趣局面下的反应也当成有趣的经历，可以让我们在应付当下的问题时多一份好奇心。这种态度促使我们更好地分析局势，制定更务实的对策——就像科学家做的那样。如果孩子能够做到这一点，那他对自己的影响力将会更有信心——他会独立地思考应该如何应对眼前的困难，而不是被恐惧、悲伤或者愤怒的情绪压垮。当然，反应高度情绪化的孩子很难拥有这样的心态——不过我们可以先试着自己养成这样的心态，然后再引导孩子朝这个方向发展。

列文（9岁）

列文是一个心思敏感的独生子，胆怯多虑的个性让他十分困扰。他极不情愿离开父母，所以他们班第一次组织班级旅游时，列文坚决拒绝参加。想到要错过和朋友们一起旅行的机会，他也很难过；可是一想到晚上不能挨着爸爸妈妈睡，他就害怕得不得了，以至于想都不敢想自己会参加这次出游。

他的父母没有轻易放弃劝说孩子。他们先是让他说一说他在班级出游中可能遇到哪些有意思的事情。孩子说，整天都和朋友们待在一起，非常开心，还有全班会去游乐园，一定也很好玩。

至于列文的恐惧，父母问他，什么东西能让他在班级旅游时的晚上不那么害怕。“最好你们两个里有一个人能陪我一起去。”可是父母双方都没空陪他。“那假如我们跟着一起去了，我们要做些什么呢？”父亲问。“嗯，那我害怕的时候就可以来找你了。”列文回答。

母亲知道，列文最好的朋友马克斯的父亲会陪着他们班一起旅游，于是她问儿子，可不可以在害怕的时候去找马克斯的爸爸。几经考虑，再加上父母答应列文，出发之前向马克斯的爸爸交代这件事以后，列文答应了参加班级旅游。在班级旅游中，列文并没有非常害怕，他在自立之路上迈出了重要的一步。

列文的父母以解决问题的态度，和孩子一起考虑他的处境。他们没有任由孩子被恐惧情绪淹没和压制，而是成功地引导孩子用建设性的眼光看待问题，进而找到问题的解决方案。

如果父母能够为孩子以身作则，让孩子耳濡目染地养成积极的心态，这对孩子当然大有裨益。父母若是能根据孩子的年龄，让孩子在一些看似艰难的处境下把困难视为挑战，并且让孩子认为，挑战使得人生更加丰富多彩和扣人心弦，这当然最好不过了！这项挑战可以是一场马拉松，可以是一次演讲，可以是临时顶替别人完成某项工作，可以是对饮食结构的调整，可以是一项新任务，或者任何其他的挑战。它们也许意外出现在孩子的生活中，也许由孩子自己主动提出。当父母克服自我怀疑，面对挑战时，可以让孩子也参与进来。这样孩子就能从父母身上学到，成年人也会有动摇和害怕的时候，可是他们能够克服这种情绪，把精力用在重要的目标上。这会产生鼓舞人心、激励鞭策的榜样效应，亲子间的交流能够给予孩子许多力量。

呼吸让人平静

在不少心烦意乱的时刻，不管是因为恐惧、焦虑、失落还是抑郁，把注意力放到呼吸上，就能让我们平静下来，效果十分显著。呼吸是一个自动的过程，不需要我们刻意去控制它，所以我们通常意识不到自己在呼吸——一呼一吸，自然而然，而有意识地进行腹式呼吸，能够促使我们平静和放松下来。

孩子从很小的时候起就可以学习腹式呼吸法了。

练习：腹式呼吸

在进行腹式呼吸时，让孩子将一只手放在自己的腹部，以便感受腹部肌肉群的运动。吸气时，想象自己的腹部是一个气球，正在被吸入的空气充满——这时腹部也会向外向上隆起。吸气，空气充满腹腔，让孩子数到三。腹部装满空气，隆起至最高点后，让孩子继续数到五。之后释放“气球”里的空气，小山一样隆起的腹部也随之收缩，因为空气经由口腔被呼了出去。这时再一次让孩子数到五。接下来从头开始，如此重复数次（次数自定）。

我们可以告诉孩子，这种呼吸方式有镇静的功效，可以在紧张、愤怒、害怕或悲伤的时候使用它。为了让大脑更加自由，进行腹式呼吸时要把全部注意力都放在一呼一吸上，而且这时尽量什么都不要想。无论坐卧行走时，都可以进行腹式呼吸——这样孩子在各种生活场景中都能做“深呼吸”了。

信条的力量

信条，是强烈的信念，能够给予我们信心。它传达了某种价值观，而这种价值观往往被幼年时某位重要的抚养人——通常是父母或祖父母——视作无可置疑的人生智慧，并且传递给我们。“别高兴得太早”“满招损”“天道酬勤”就是广为流传的、具有普适性的信条。

干预成年人自我价值感的咨询师往往会关注自童年起便对来访者产生深刻影响的信条。我们也会自己给自己创造出一些个性化的信条，它们通常指向了我们的自我价值感。

这些信条可以是积极的：

“很多人都喜欢我。”

“我本来就很好了。”

“只要是我想去做的，就能够做成。”

也可以是消极的：

“我没出息。”

“我必须很努力才能被爱。”

“我不会学习。”

消极的信条会限制我们的可能性——我们可能会相信，自己这也不配那也不配，没有才华，或者没有价值。这些信念最终都在暗示我们，自己在某一方面不够好。

积极的信条有助于形成良好的自我价值感，而消极的信条则让人缺乏自我价值感，这很好理解。假如已经成年的我想要探索自己的自我价值感，行之有效的办法是，意识到童年时哪些信条对我产生过影响，进而认识到哪些信念激励了我，哪些信念贬低了我，哪些信条打压了我，哪些信条限制了我。只有这样，我才能把自己从负面的信念中解放出来，并且以建设性的信条取代破坏性的信条。

既然本书的主要内容是儿童的自我价值感和自我价值感的产生过程，读者群体是已经为人父母的诸位，在这里我想请你们对你们向孩子传达的信条保持敏感，这些信条将会影响孩子的一生。也许你们在自身童年经历的影响下，很难传达给孩子积极的信条，这种情况再正常不过了。我坚信，每一位父母都会为了孩子竭尽所能。只是我们有时意识不到，自己的言行会对孩子的自信心造成负面影响，并且破坏了他的自我价值感。

积极的信条如“我原本的样子就是好的，就是值得被爱的”，是孩子心灵的一面盾牌，有它守护的孩子不会贬低自己，不会限制自己的可能性。对此，我深信不疑。

我们要是想鼓励孩子开发自己的潜能，就要对自己的语言处处留心。充满条条框框的信条会限制孩子，让他们丧失勇气。我们用这类信条暗示孩子，他们做不成事：

“你做不到的。”

“省省吧，别做了。”

“你就不是这块料。”

也许父母这么说是想帮孩子，但这么说太绝对了，可能会打击孩子，使得自我贬低的信条在孩子心中扎根。我们要尽量避免对孩子说，他做不到什么事情。自己的亲身经历告诉我们，从失败中也可以学到很多东西。再说，我们的判断也可能出错，或许孩子能够咬牙坚持，展现出他的毅力，出乎我们意料地完成他想做的事情。

假如我们担心孩子太累了，对自己要求太高了，无法承受可预见的失败带来的沮丧之情，那么我们应该和他们谈一谈。不过即便如此，我们也不该做出斩钉截铁的、限制孩子的“评判”，而是要和孩子讨论他的计划的现实可操作性，让他自己认识到，这件事成功的概率不大。也可能孩子在谈话中想到了新的办法，增加了成功的可能性。在这两种情况下，你的角色都是“顾问”，而不是“法官”，不要绝对地否定孩子的能力。

总体而言，用提问的形式引导孩子去思考，要比把自己的意见当成颠扑不破的真理好得多。前者能促使孩子进行独立思考。我们肯定也体会过，自己悟出来的道理要比别人强加给我们的更加深刻。

语言创造现实。

许多成年人终其一生都在自我怀疑，就是因为他们儿时从重要的抚养人那里接受了自己做不成某事，或者不擅长做某事的信条——“你太懒了”“你没有运动细胞”“你这脑子不适合学数学”都是典型的负面标签，它们会让孩子信以为真，会限制孩子。孩子可能一辈子都会带着这些负面标签。有的信条在家庭里代代相传，可能会影响个人的成败。

要培养孩子形成自己的看法，知道自己是什么样的人，不是什么样的人。在孩子的人生道路上，我们给予他们的消极信条越少，鼓励越多，就越有利于他们的发展。

内心图像的魔力

我们要是想让自我激励的意念更加强烈，还可以使用视觉化的方法。这种方法自有它的魔力。当我们的意念不仅停留在语言层面，还在想象中被视觉化以后，它就会变得具体、确切和生动。我们会说，感觉它活了起来，而且眼前有了一幅具体的画面，它告诉我们，自己想往哪个方向去。

所以要让孩子学会尽可能细致地描绘自己的想象，这很有益处。有些孩子天生就具备良好的视觉想象力，其他孩子则需要相应的引导。通过一些有针对性的提问，比如："说一说，在你的想象里，这是什么样的？""你看到了什么？""周围是什么样的？""旁边有哪些人？"这些提问可以提升孩子的视觉想象力，激发孩子设想一些生动的场景。

白日梦

如果你的孩子说："我能行！"那就让他仔细说说，具体的场景是什么样的，然后为了记录这次想象中的成功写一份"手稿"。

雷昂（9岁）

我看见自己在夏日庆典上表演完话剧以后，穿着黄绿色的戏服，站在舞台上。轮到我鞠躬的时候，观众们又是鼓掌，又是吹口哨，因为我歌唱得好，戏也演得好。有的观众甚至都站起来了。我已经盼着在演出后的庆功宴上吃蛋糕了。我又鞠了一躬，然后笑了，我的肚子里有 1000 只快乐的蝴蝶在飞舞……

孩子描述得越具体，他就越能把自己的想法视觉化。启发孩子想象其他感官的体验，也是非常好的：想象中，他们听见了什么声音？闻到了什么气味？也许还尝到了什么味道？他们的身体感受到了什么？孩子越是详细地想象出相应场景下的五官感受，这个场景就越像一个强大的罗盘，把孩子的意念、能量和精力都导向相应的方向。

如果我们预想一些积极的情绪，比如喜悦、兴奋、自豪和感恩，就会提前感受到自己情感上想去的方向。积极的情绪能够激发巨大的力量，让人充满动力。积极的情绪还能让我们拥有一些所谓的幸福感受——喜悦、爱、希望、积极意义上的激动、兴奋、自豪、满足、放松、安心……所有人都渴望幸福的感觉。为了把预想的情绪变为现实，我们应该花时间认真思考一下，当我们追逐自己的目标和梦想时，期待获得什么样的美好情绪。要想让我们的想象图景更有说服力，可以把它和我们在该场景下期待获得的情绪关联起来。

有人说，做白日梦是在浪费时间。对此我不敢苟同。人在白日梦里会想象自己希望经历的事情，想要达到的目标，这是一个描绘蓝图的过程。它能给人插上翅膀。追着白日梦，人可能飞到自己想去的地方。我们就用上文中雷昂对学生话剧演出成功的想象举例吧。为了让雷昂感受到他在那个场景下可能会有的情绪，可以问他："演出结束站在舞台上的时候，你会是什么感觉？"如果他的回答是"很好"或者"特别棒"，最好继续追问，让他描述得再具体一点儿："怎么个好法？是幸福吗？自豪吗？松了一口气？或者很激动？"

本书后有一张列举了各种情绪的表格，你可以用这张表帮助孩子找到合适的词汇表达自己的情绪。通过这种方式，孩子也能认识到人类情绪的丰富多彩，并且他们会受到启发，从而更有意识地察觉并表达自己的情绪。这种能力在人际交往中宝贵得无以复加，因为它可以让人与人之间产生联结——能够表达并分享自身情绪的人，也能和他人建立联结。

一个能够察觉到自身情绪的孩子，
也能够更好地理解他人。

试着激发孩子去感受他刚刚描述过的那些美好的情绪。我知道，"按照指令"去感受情绪乍一听不合常理。不过当我们想象出某个具体的场景时，就可能激活相应的情绪。这往往发生在回忆过往时，通常是一些痛苦的回忆自然而然地、不受控制地召唤出我们心中悲伤、愤怒或沮丧的情绪。人可以凭借回忆过去唤起情绪，同理也可以通过设想未来发生的事来激发情绪。为了帮助孩子进行想象，可以问他，他身体上哪一个部分感受到了情绪（是在肚子里吗？还是在心里？），他感觉如何（是痒痒的，还是像“一团暖融融的云”，或者“闪电”一样？）。当孩子把他的想象（我站在舞台上，观众在鼓掌欢呼）和某种情绪联系起来时（我的肚子里有种喜悦和激动的感觉），这种想象就产生了强大的情感上的影响力。身体不会区分想象和真实的体验，它不知道孩子此时是真的非常高兴，还是只在想象某种图像——身体都会做出反应，神经元的状态与荷尔蒙分泌都会发生变化，身体释放出令人感到幸福的荷尔蒙，让人更有精力和能量去追求自己的目标。

在孩子睡觉之前，可以引导他描述自己的愿景，进行想象。这是从清醒到睡眠的绝佳过渡。

音乐也能很好地激发某种情绪——假如你和孩子都喜欢音乐，你们可以一起听一些你认为与孩子的情绪相匹配的音乐作品，然后你可以问孩子，音乐有没有表达出他的情绪。

如果孩子足够大了，就可以让他自己选择能够表达他情绪的音乐。你们可以一起创建一个“开心歌单”，歌单里的音乐节奏欢快，充满动感，充满喜悦，能够激发积极的情绪。

你可以根据孩子的年龄，向他解释，为什么想象积极的未来图景以及与之相匹配的情绪非常有益。你可以告诉孩子，这是一种心法，可以帮助他朝着理想的方向迈进。使用这种心法不需要借助任何物质的、外在的事物——只需要他的想象力和情绪的力量。

这种心法从内心发力，进而塑造外在——它会赋予人巨大的自由，让人感受到自己的影响力。

这些谈话应该始终保持游戏的性质，不能给孩子任何压力，也不能以此强迫孩子。重要的不是要达到某个“目标”，而是要以玩耍的方式培养孩子视觉化想象的能力。谈论美梦和幻想，然后和孩子一起描绘愿景，这能带给孩子许多快乐。而且当孩子感受到我们真的关心他们的所思所感时，他们通常十分乐意与我们交流。

我们应该鼓励孩子敢于做梦，而且要鼓励他们想象自己在梦境中扮演了什么样的角色。要让孩子安心地追求自己的梦想，不要剥夺他们尝试的权利——不要让他们变得害怕失败。即便孩子的梦想没能如愿实现，他们也由此对自己有了更多的认识，这也是一种成功。在尝试中，孩子可以积累经验，从中也能学到东西。这个过程类似于科学家们在研发救命的疫苗时必须经历的失败：他们从每次失败中都能有所收获——他们知道了，什么样的疫苗是无效的。这些也是有助于解决问题的宝贵经验。

孩子在成长过程中也有相似的经历——吃一堑，长一智，挫折可以让他们更好地认识自己的个性，帮助他们找到自己真正适合的领域，从而实现自己的人生价值。

毅力给人力量

即便孩子有极高的天分、上佳的资质、绝妙的想法，要是缺了毅力，也不能开花结果。毅力会让人专注于目标。

在过去几十年里，社会的运转节奏日益加快。网络提供了无限可能，让我们可以随时方便而迅速地获取资讯和娱乐信息。在数字媒体和网络时代下成长起来的孩子是否更难集中注意力呢？根据 2017 年 BLIKK 媒体研究的结项报告，在调研了 5573 位父母和孩子的数字媒体使用状况后，研究人员发现，在8~13岁的儿童中，每天使用智能手机的时间超过半小时，孩子患注意力障碍的风险会提高6倍。在2~5岁的儿童中，每天使用智能手机的时间超过半小时，孩子患多动症的概率提高3倍至5倍。超过16%的13~14岁青少年承认自己很难控制自己的网络使用时间。

众所周知，较长时间专注于一项任务的能力对我们大有益处——不管是在幼儿园里做手工时，在学校里准备报告或者写论文时，还是步入职场以后做各种项目时。

如果孩子不具备保持注意力的能力，他可能会不情愿也不能够付出长时间的、较为复杂的努力，而是偏爱一些简单的、只需要短期注意力的消遣活动。人都是好逸恶劳的，所以有必要让孩子明白，为什么坚持做一件事很累，却让人获益匪浅。如果孩子体验过心无旁骛地一口气做完一件事情，他就能理解，为什么对于成功来说，毅力是一种不可或缺的品格。

在孩子很小的时候，父母就可以通过游戏的方式教给他们坚持的意义。假如孩子应该收拾玩具了，但他不想收拾，父母可以用虚构人物激励孩子再坚持一下：“要像超人一样，不要放弃！”如果孩子表现得不想来帮忙，你可以问他：“超人/超级兔兔这时候会怎么办？”如果孩子说他不知道，那就一步步和孩子一起想想，他该怎么完成自己的任务：“嗯，我觉得超人会先让所有小汽车都飞回那个黄色的箱子里，下一步他会收拾什么玩具呢？”这种游戏式的引导能激励孩子付出努力，学会培养自己的毅力。从孩子很小的时候起，就可以让他意识到，想要做成一件事情，坚持是多么重要！所以当孩子的付出得到回报的时候，父母应该给孩子一些反馈：“你就和超人/超级兔兔一样，都没有放弃，坚持完成了任务。看，现在你的玩具箱多整齐！”

不论我们是想整理衣柜，学习一项新的运动或者一门新的语言，还是在事业上更上一层楼——毅力都必不可少。只有具备了毅力，我们才能在紧张艰辛、挑战重重的情况下完成自己的计划，朝目标奋进。唯有如此，我们才能获得某种能力，然后才会取得成功，才会得到满足。假如最初的新鲜劲儿一过，困难和辛苦一出现，我们就选择放弃，那么我们也不会感受到自己的能力，不会有满足感和成就感。因此在孩子进行一项新任务时，我们要阻止他们一遇到困难就放弃的行为。有时，在孩子开始做某件事之前，比如培养一项新爱好之前，我们可以和孩子约法三章，定好“试学期”。

如果孩子坚持了一段时间，也付出了努力，但学到一定程度就不愿意再为某项活动投入精力了，这时可以和他一起做决定，换一项活动，或者对原有的活动做出调整。很多家长希望孩子学的乐器课就是一个例子。很多孩子在初学阶段的新鲜感过去以后，就不想继续学了，父母则坚持要孩子学下去。于是孩子每周都心不甘情不愿地去上课，学习的结果也不尽如人意。在这个阶段，重要的是找出孩子不喜欢学乐器的原因——是孩子不喜欢这种乐器吗？是老师的教学方法不适合孩子吗？还是曲目的问题呢？有时候换一位老师，可以重燃孩子对乐器的喜爱，有时可以让孩子自己选择他想学的曲目，有时就是乐器没选对，孩子想试一试另一种乐器。我们可以花些时间告诉孩子，有毅力是一种宝贵的品质，只有毅力才能让我们在面对重重挑战时集中精力、不断进步。我们还要乐于倾听孩子的意见。做到这些，我们就可以和孩子一起想办法，让他们和我们一起做出调整，而不是直接放弃，干脆把乐器“丢开”。

有时候，父母和孩子可以共同找到解决办法，让孩子在学习乐器的过程中重获乐趣，继续学下去；而有时父母要接受孩子不想继续学的理由，允许孩子退出。父母也不要夸大这种情况，切忌给孩子打上“失败”的标签。孩子只是做了一次尝试，更清楚地认识到自己喜欢什么，不喜欢什么。那么这也算是一种成功，尽管从培养一门爱好或是完成一项任务的角度来看，放弃之举并不符合预期。但是允许孩子按照自己的好恶做出选择，也是在教会孩子关注自己的需求，设立自己的目标。（此处建议阅读《我就是喜欢我》故事手册中的小故事《不许笑的钢琴课》。）

我的著作《你是什么样的孩子》记录了我和一些名人的访谈对话，我问起了他们童年和少年时期的经历。当问到女演员纳嘉·乌尔[一]“是什么促使您树立了人生目标”时，她是这样回答的：

“一个对自身能力一无所知的年轻人，是不可能拥有自驱力的。当人发现了自己的热情所在，他的自驱力就会被点燃。在这一点上，我的母亲功不可没。从小她就让我进行各种尝试。我想学打乒乓球，就去打乒乓球，我想学体操，就去学体操。我们那里连儿童射击队都有，我也去尝试过，然后我又去学了芭蕾舞，最后开始集邮。我小时候尝试过去做

[一] Nadja Uhl，德国女演员，曾获柏林电影节银熊奖。——译者注

各种各样的事情……”

童年和少年时期正是一个尝试的阶段，孩子会通过尝试发现自己的天赋、喜好和热情。有的孩子很早就找到了自己擅长和喜爱的事情，有的孩子过了很久才找到，还有的孩子始终没找到特别感兴趣的领域。在这个问题上，父母的态度十分关键：如果孩子尝试了某种活动，觉得不合适想要放弃，父母却百般阻挠，那孩子以后可能就不敢再随意尝试了，因为他们感受到了压力，觉得自己学什么就必须学成。他们会遵循这样的理念：只要我不去尝试，就不会失败。这当然是缺乏自信的体现。为了防止孩子出现这种情况，我们要始终鼓励孩子去尝试他们感兴趣的事。

孩子缺少人生阅历，所以他们无法判断某些利害关系。比起长期的快乐，他们通常更喜欢眼前的享受。因为他们缺乏阅历，还不会为长远打算，他们的大脑尚未发育到相应的水平。这时我们就要权衡，是否能够敦促孩子去做那些“长期看来会带来愉悦，然而短时间内需要付出辛苦的事情”。

当被问及父母是否大力培养他时，演员兼制片人蒂尔·施魏格尔[一]在我的名人访谈录中这样谈起学乐器的问题：

[一] Til Schweiger，德国著名男演员、导演、制片人。——译者注

“我的父母说过，我们必须要学一门乐器。那时候我的兴趣完全在足球上，后来又学了很久跆拳道。那时候对我而言，运动比乐器重要多了。现在回头看来，我不会责备他们，但是我希望他们当时对我说：‘不行，你现在必须学乐器！’没学过钢琴，是我人生中最遗憾的事情。我对我的孩子很宽松，我努力不去强迫他们做自己不想做的事，但是在学乐器这件事上我要说，这是他们人生中最美好的事情。”

父母也不是全知的。他们太爱孩子了，所以往往自以为知道什么对孩子好。然而通常是当我们观察并理解到孩子究竟是一个怎样的人以后，才能真正认识到什么是最适合孩子的选择。所以我们要克制住内心“我知道什么对我孩子好”的思维惯性，去仔细地倾听和观察我们的孩子到底是谁，他们到底是什么样的人。我们倾向于以自己的心意去揣度他人。因为我们自己是这么觉得的，我们自己是这么想的，有时我们就会以为自己的孩子也会这样。可是人的精彩之处就在于，即便是有着相似遗传基因的兄弟姐妹，在个性上也可能天差地别。

为人父母，我们享有陪伴并支持孩子发现然后发展自身独特个性的特权。（此处建议阅读《我就是喜欢我》故事手册中的小故事《勇敢追梦》。）

捍卫自己的价值观带来自我价值感

在青少年成长为自己想成为之人的过程中，当他有机会捍卫自己的价值观时，他的自我价值感就会由此增强。所以家里开放活跃的讨论氛围能够丰富孩子的内心，带给他们动力。儿童和青少年可以在家里检验并表达自己的观点。假如青少年有机会在各种组织里捍卫自己的价值观，这项活动将会增强他的自我效能感，他会感觉到自己是一个要去捍卫什么的人，是一个在努力做贡献的人，自己可以让这个世界变得有一点不一样。这时他对意义感和集体感的需求都可以得到满足。为帮助他人而奔走的感觉，被需要（在与年龄相称的程度下）的感觉，比如加入体育社团，为更小的孩子辅导功课或者照看孩子，都是可以增强自我价值感的经历。即便对于年龄很小的孩子来说，能够帮着家里人做点事情，也是非常宝贵的体验。

和孩子聊一聊，他想帮忙做哪些事情，他愿意承担什么小小的任务——浇一下阳台上的花啦，从邮箱里取信啦，叠手帕啦，去面包店买小面包啦。当孩子感到自己承担了责任并且在为集体做贡献时，就会觉得自己很有价值。

感恩带来充盈

谈起增强自我价值感的人生态度，我就想提一提“感恩”，一个似乎有些过时的概念。写到这里，我就会不由得想起我的祖母。她的两个儿子刚刚成年就被送上战场，大儿子丧生，她的丈夫拖着病弱的身体从战场上回来，她和她的家人经受了饥饿、恐惧、经济损失和巨大的痛苦。我小时候看见祖母那么节省粮食，会感到非常惊奇。她把剩饭剩菜全都留着，而且会把在我看来不那么新鲜的食物吃掉。还有，她经常说起“感恩”这个词。长大以后，成为妻子和母亲的我开始能够料想，祖母曾经熬过了何等的贫困、匮乏、恐惧和忧愁，她又挺过了怎样的苦难。显然，感恩是一种经过苦难和匮乏以后反而更加蓬勃的品质。

懂得感恩的人会珍惜自己拥有的东西。他们对自己拥有的东西、遭遇的事情和自我本身都有积极的认知。感恩能让人体会到内心的充盈，让人接纳当下。感恩之心会屏蔽匮乏感，因为懂得感恩的人关注自己拥有的东西，而不是没有的东西。

在我写作本书的时候，我们的世界正在经历波及全球的疫情，全世界都处于紧急状态之下——疫情前的生活如今消失无踪。新冠病毒除了危害健康以外，还给我们曾经舒适的生活方式带来诸多限制。也许这场痛苦的疫情正好可以激发人们的感恩之心。我们要感恩许多我们从前认为理所当然，所以并不在意的事情——直到疫情的到来让我们意识到，它们并非理所当然。

练习：建立感恩仪式

如果孩子学会了把注意力放在自己生活中的美好之事上，关注事情好的一面、自己拥有的东西、让自己开心的事物，他的眼光就能更敏锐地捕捉到日常生活中的善。这样的视角自然而然会生出感恩之心。有宗教信仰的家庭会在祷告中表达他们的感恩之情。个人也可以不依赖于宗教信仰，制定一套自己的感恩小仪式，例如：

- 画一幅“感谢这美好的一天”的画。
- 做一本“哇！美好经历！”的相簿。
- 在家里，比如一起吃饭的时候讲述当天最美好的瞬间，或者“今天什么事让我高兴”。

当孩子看到我们因为一些日常小事而心情愉悦，并且我们会把自己的愉悦之情表达出来的时候，还有当他们观察到我们会向身边的人表达自己的感恩之情时，他们也会受到启发，珍惜自己生活中好的一面。

融入群体

我们的自我价值感有很大一部分来源于周围人给予我们的人际反馈。这些反馈让我们了解到，自己在一个群体里的被接纳程度如何，有多受欢迎，或者得到了怎样的爱。每个孩子的核心群体都是家庭，从很小的时候起，幼儿园和学校里由同龄人构成的群体变得日益重要。因此我们不能低估人际交往能力对自我价值培养的意义。

人际交往能力良好的孩子可以顺利地融入群体，并且在各种社交情境中做出恰当的反应。而不那么擅长人际交往的孩子则很难融入群体，在人际互动中也难以做出恰当的反应，他们会在群体中体验到贬低、疏远甚至是孤立。他们不招人喜欢，缺乏与同龄人交往的积极体验，朋友很少或者没有朋友。他们得到的都是负面的反馈，进而产生了这样的想法：是我不对。上述所有经历都会损害他们的自我价值感。

要培养良好的自我价值感，关照自身的需求并以恰当的方式满足自己的需求非常重要。为了让孩子体验到令人感到充实、有利于提升其自我价值感的人际互动，让孩子学会关照他人的需求同样重要。而且孩子还要能够在某些时候搁置自己的需求。具有良好自我价值感的孩子大体来说都能够妥善地平衡自我需求与他人需求。

你可以从孩子很小的时候起就教他关照他人的需求。在这个问题上，你的榜样作用尤其可贵。如果孩子在家体验过善意的、互相欣赏的相处方式，每个家庭成员的需求都得到重视，遇到冲突时大家也试图采取尽量顾及每个人需求的解决方案，那么你的孩子就会在最亲密的家庭范围内学到认真对待自己的以及身边人的需求。孩子眼中的你如果是一个乐于助人、温柔体贴的榜样——孩子的抱抱熊不见了，你会安慰他，或者孩子看见你帮助了正在难过的小妹妹，因为她最喜欢的洋娃娃掉进泥坑里了——他就会通过亲身体验和观察你的举动来学习人际交往，可以“看会”有同理心的、乐于助人的行为。

从理论上讲，孩子从四岁起就能进行换位思考了。从这个年龄开始，你就可以引导孩子建立同理心，不断地促使他思考，与他同样处于某个场景下的其他人可能有什么样的感受。

“你说为什么希尔克看起来这么沮丧呢？”

“你觉得阿米尔听了这个消息会高兴吗？”

对孩子来说，转换视角是化解潜在冲突的良策。孩子要是学会了从他人的立场思考问题，就能够在冲突中更轻松地找到建设性的解决方案。

从这个意义上来说，与孩子讨论情绪——孩子的情绪和你自己的情绪——会很有助益。问孩子“你感觉如何”时，假如他只是简单地回答“好”或者“不好”，你就要进一步引导他，问得更加详细：“好”或者“不好”是什么意思？是幸福、快乐、自豪、振奋，还是失望、悲伤、愤怒、担忧？辨别并说出自己的情绪可以帮助孩子理解自我，也能让他们更好地进行换位思考。父母也可以根据孩子的年龄（也就是说，不要用连自己都难以承受的负面情绪去增加孩子的负担）聊一聊自己的情绪：

“今天我有点紧张，因为要做的事太多了。我们去度假之前，我必须努力做完待办清单上的事情。”

“奶奶身体好多了，我太高兴了，真是松了一大口气。”

在自然而然地谈论情绪并且重视情绪的家庭里长大，能够提升孩子感知情绪的敏锐度——既包括感知自己的情绪，也包括感知他人的情绪。

我经常遇到很多父母想当然地以为，他们在家里会谈论情绪。然而如果让他们再仔细回忆一下，上一次与孩子谈论自己的情绪和孩子的情绪是在什么时候，他们通常会发现自己并没有那么频繁地和孩子谈论情绪。父母肯定经常在想孩子的情绪怎么样，可是这并不意味着他们会真的和孩子谈论情绪，而且孩子也并不总是对这类谈话感兴趣，有时候需要我们一再追问他们，或者需要某种特殊的氛围以开启谈话。因此有些父母就不再主动发起这类谈话，因为他们以为孩子不愿意谈论自己的情绪。

虽然如此，父母还是不能“松口”。要让孩子乐意谈论自己的事情，需要用真正感兴趣的、坦诚的和欣赏的态度创造出充满信任感的交谈氛围。如果你认定孩子的行为模式会阻碍他与其他孩子的互动，那么你就要小心翼翼而且就事论事地处理这种情况。孩子在学习恰当地进行人际交往的过程中需要我们的帮助。这项任务对个别孩子来说尤其困难，也因此给他们的人生带来沉重的负担。假如你发现尽管你已经给孩子提供了支持，但孩子还是屡屡被人讨厌，遭到拒绝，那么请及时向心理医生或心理咨询师寻求帮助。他们会为身为父母的你提供支持，也会帮助你的孩子以更好的、更能增强自我价值感的方式处理人际互动。

挑战山峰

对自己有要求的人一般来说更可能拥有成功的经历，从而加强自身的自我效能感和自我价值感。如果你什么都不敢做，不愿意承担任何风险——你大体上都不会遇到很大的困难，但是也不会有巨大的成功。

要想帮助孩子认识自身潜能，拥有更精彩的人生，就要支持他们勇往直前，鼓励他们选择艰辛的，有时甚至不太舒适而且风险更高的道路。只有自己给自己树立目标并且受其鼓舞的人才能拥有成就感。如果目标定得太低，不足以让人走出舒适区，虽然这样不会有失败或失望的风险，但是也不能让人感受到自身的潜能。抱着这样的心态，我们会把目光集中在想要避免的事情上（失败、痛苦、恐惧、失望），而不是我们想要去经历的事情上（成功、证明、实现）。一个人可以龟缩在安全区内度过一生——不引人注目，不招人讨厌，不冒任何风险。也许他能够由此避开痛苦和失望，但同时也避开了自我实现和生命的热情。

想让孩子踏上实现自我价值的人生之路，
我们要引导他们别把目标定得太低，
但也不要定得太高，还要让他们敢想敢做，
使他们的潜能得到开发。

我在本章中详细阐述了父母应该如何不带强迫、不给孩子压力地强化孩子的上述心态。让孩子经历失败和犯错，但又不至于因为挫折而情绪崩溃，是孩子成长路上的重要一课。

敢于冒险的人也许会摔倒，但是他们更有机会获得成功的垂青。（此处建议阅读《我就是喜欢我》故事手册中的小故事《大礼包里的胆小兔》。）

第六章 06

高分不是一切

Gute Noten, Schule Und Leistung Sind Nicht Alles

有些人似乎生来做什么都可以轻轻松松地做出成绩。比如学校里有的学生不需要怎么刻苦就可以名列前茅，而有的孩子虽然相当用功，但依旧说不上出类拔萃。我们的教育系统用分数来评定努力的结果——等级从“优”到“不及格”不等。可是分数体现不出结果背后的汗水。一个“良”的成绩可能是不费力气得来的，也有可能是付出了巨大的努力才获得的。一个“及格”既可能是没好好学的结果，也有可能是用功以后的成绩。父母很难估量分数背后的付出。我的观点是，不管孩子有没有取得理想的成绩，我们都要认可孩子的努力。我们欣赏孩子的勤奋，表明我们认识到了他的个人成长，没有像学校或者大环境喜欢做的那样拿他和别的孩子比较。

培养孩子的自我价值感意味着，
观察他的个人成长。

个人成长关乎个体在自己成长轨迹上的进步，而不是和其他孩子相比较之下的成长。作为父母的我们在家里也常常把孩子与其他孩子作比较，不管是孩子的兄弟姐妹、同学、邻居家的小孩或是朋友——我们这么做往往是为了激励孩子去做一些其他孩子已经做到的事情。

曼努埃拉（12岁）

以前妈妈在我做听写练习的时候总是很不耐烦。我到三年级才被诊断出有读写障碍。在那之前，我只要听写错得很多，妈妈就会大发雷霆。然后她就会拿我和我最好的朋友比较，说为什么人家的成绩那么好，而我的听写怎么就不能做得和她一样好。她这么说我真的很难受——我也想写对呀，但就是做不到。

父母拿孩子与其他孩子比较，很少会对孩子有帮助，而且还会让孩子记恨或者忌妒那个据说更聪明、更用功、体育更好、更有礼貌……总之就是父母口中“更好”的那个孩子。这对兄弟姐妹之间的关系尤其有害。有的成年人虽然已经上了年纪，说起他们的兄弟姐妹时仍然心里有气：“哼，他以前是最得宠的……”父母的比较可能会给孩子造成一生作痛而无法治愈的伤疤。

个人成长也重要

父母不应该拿孩子与其他孩子比。孩子需要学会的是与自己比，观察自己的成长：在这个方面，我和刚开学时的自己比有多少进步？在这个问题上，我是不是比上周更加确定了？父母如果可以引导孩子养成这样的态度，将会是对孩子自我价值感的莫大支持。

接受孩子本来的样子，是承认并接纳孩子的长项和短处。当我们根据观察判断出孩子有可能做得到某件事时，可以鼓励他开发自己的潜能。我们还可以向他伸出援手，帮助他弥补自己的不足。每种人格都具有多面性——既不存在没有缺点的孩子，也不存在毫无优点的孩子，我们的眼睛必须能够看见所有的侧面。一个学业成绩优秀的孩子也许看起来方方面面都“完美”，但不擅交际，有社交障碍，在这方面需要我们的帮助。一个成绩不佳的学生也可能富有同情心和责任感，我们可以鼓励他加入社团当帮助小朋友的志愿者，让他在这个领域感受到成功和认可。而所谓的“补短”，一定要考虑到孩子的学习速度，在可能的范围下进行。

假如我们对孩子的学习速度和学习能力要求过高，我们就不是在帮他，而是让他感到力不能胜，从而更加失望，反而削弱了孩子的自我价值感。比如鼓励一个学习不好的孩子去参加需要“苦读”的培训班，就不是一个合适的选择。不过我们可以帮助他，让这个成绩欠佳的孩子依然能够完成学业，同时培养他的长项，比如他的社交能力和创新能力，找到另外的适合他的职业道路。

卢卡斯（12岁）

卢卡斯在三年级时被诊断出注意力障碍和读写障碍。学习对他来说非常困难，他必须付出巨大的努力才能达到学校的要求。

他性格活泼，擅长运动。他的母亲以天使般的耐心支持着他，对他的学习困难持一种积极乐观的态度。她为卢卡斯安排了补习班，而且确保卢卡斯既能坚持补习又有时间发展自己的体育爱好。卢卡斯从10岁开始对摄影摄像感兴趣。母亲对儿子的这个爱好也十分支持，还给他报名了寒暑假的摄影班，让孩子发展自己的兴趣。她帮助孩子弥补自己的短处，同时培养他的长项。她让儿子感觉到：没错，你是有学习障碍，所以你要非常自律地、有毅力地学习。你还擅长运动，很有创意，你是一个非常特别的、拥有魔力的男孩。

尽管患有学习障碍，卢卡斯还是拥有了良好的自我价值感。他感到自己是被家人和朋友爱着的。他知道自己的短板，但也了解自己的长项——他不仅有创作天赋，还有毅力和积极的心态，能够让他与学习中遇到的困难搏斗。

父母在孩子没能达到他们预期的成绩时表现出情感上的排斥，对于孩子的自我价值感是一种极其严重的损害。如果孩子有了这样的印象：我只有取得某项成绩才能被爱，他就不相信父母会无条件地爱自己——而孩子只有相信父母无条件地爱自己，才可以健康成长。如果父母的爱与高分和奖杯有关，那么孩子整个人和他本来的样子——他所有的优点、天赋、短处和缺陷——就没有都被爱。一个孩子在这种情况下怎么可能学会接纳自己的每一面呢？

我要在这里澄清一下：父母当然应该和孩子谈成绩，尤其是当父母察觉到孩子本可以做得更好的时候。然而父母绝对不能把给孩子的温情、关怀和爱与孩子的成绩好坏挂钩。也就是说，父母和孩子谈论不理想的成绩与改进办法时，应该有建设性，就事论事，在情绪上要处理得当——不能显得冷酷，也不能贬低孩子。不要让孩子觉得因为自己的成绩变差了，从父母那里得到的爱也变少了。

有意无意地把爱和孩子的成绩挂钩，
是最大的教育陷阱之一。

有时父母认为，只有孩子取得了好成绩，他们才尽到了为人父母的责任。这就是父母把自己的自我价值与孩子的学业成绩绑定了——也难怪我们的社会这么看重学业成绩和其他各种成绩。孩子感觉到了父母的期待给自己的压力，并且试图让他们满意——这是一个孩子不该承受的情感重负。

别让家庭作业变成教育陷阱

有些父母为了提高孩子的成绩，把孩子管得特别紧。大部分孩子的确需要鞭策和辅导才能完成学习任务，然而：

父母在学习上管得过于细致，
反而不利于孩子养成自主性。

具备自我管理能力的孩子能够独立完成作业，自觉遵守约定和义务，主动设定目标和优先事项。事事都为孩子安排好的父母会妨碍孩子自我管理能力的培养。孩子的个性发展，即对自我兴趣爱好的认知，同样会因此受损，因为孩子把童年的主要精力都用在了达成父母设置的目标和满足父母的期待上。然而只有发现自己的兴趣所在，才能产生真正的内驱力！我们自己也有这样的体验：只有在做自己想做的事情时，我们才会全情投入，干劲十足。简而言之，如果父母对孩子的学业要求过高，掌控欲太强，就会损害孩子个体的自主性培养与个性发展。父母的动机当然是好的——天下父母都是为了自己的孩子好，盼着孩子以后能够成才。

只是，什么是“好”呢？我们应该相信孩子可以独立成长，在学业上从旁协助，同时留给他足够的自主发展空间。具备自主管理能力的孩子会相当自豪，他们渴望获得自我效能感——他们会发现：我能够独立解决问题，我自己就可以搞定。这是非常良好的体验。我们要帮助孩子养成这种能力，而不是事无巨细地为孩子操心，让他们以为自己离了父母就不行。我们可以辅导孩子制订学习计划——比如：什么时候要交哪些作业？要按什么顺序做作业？我们还可以和孩子聊一聊学习方法，为他们提供相应的帮助。父母向孩子提供帮助，孩子可能接受也可能拒绝，或者孩子自己独立写了一会儿作业以后，再向父母求助，这么做都比父母因为追求高分，见不得孩子满篇错题，所以守在孩子身边，盯着每一个解题步骤要更尊重孩子的自主性。**父母管得太紧，传达出的是对孩子不信任的态度。父母的不信任不利于孩子建立自我价值感。**信任与支持对其有利——专横的控制则相反。这个原则同样适用于亲子关系的其他领域——只是它在学习上表现得尤其明显，因为很多父母在孩子的学业上非常焦虑。

父母爱自己的孩子胜过爱世上的一切，为什么有时候反而会对孩子缺乏信任呢？为什么有时父母会在学习上给孩子施加巨大的压力呢？父母用心良苦，出于对安全和稳定的考虑，从孩子很小的时候起，他们就想让孩子符合所谓的标准。父母希望孩子成为达到同龄人平均水准的“正常小孩”，这种想法很常见，也完全可以理解。我们大家当然都希望自己的孩子“正常”。但是什么才叫“正常”呢？我的孩子学走路比别的孩子晚，这正不正常？我的孩子嗓门比别的孩子大，这正不正常？我的孩子喜欢做白日梦，不喜欢算数，这正不正常……

作为父母，我们不要总想着所谓的标准，而应该多关注自己的孩子。我们要告诉孩子，他本来的样子就是完美的，他的心理健康会因此而受益无穷。当然对孩子的学业有所要求也很重要，我们的信任对孩子来说也是一种鞭策。另外，帮助孩子弥补弱点也很有必要——比如带有运动功能障碍的孩子去做理疗，或者带患有读写障碍的孩子进行相应治疗。不要回避眼前的问题与弱点，要去分析它，并且找到合适的解决方法。同时我们不能忘记，孩子拥有独立的人格。我们的目标应该是认识孩子的人格并促进其发展，而不是迫使孩子的人格去适应狭隘的标准。**忧心忡忡的父母们把目光投向外界的标准，无论这是多么情有可原，都会使得他们过于关注孩子所谓的不足，认为孩子偏离了标准。**然而父母应该把关注点放在积极的一面上，我们可以常常问自己：我的孩子会做什么？他喜欢什么？他有什么动力？

做自己热爱的事时，我们都是最好的自己。

让孩子学会在自己不那么擅长或者做起来有些吃力的领域中咬牙坚持，也有帮助。我们都清楚，在成年人的生活中，毅力和自律很多时候都让人获益良多。但是只有当孩子在自己的内心驱动下有所成就时，他才会充满热情。他得找到他热爱的事情，能够点燃他内心的事情，或者带给他快乐的事情。我们作为父母，就是支持他们找到内心所爱的事情。与提高孩子不尽如人意的数学或者法语分数相比，这件事不说更加重要，至少也同等重要。

由拜耳公司与比勒菲尔德大学合作开展的压力研究采访了 1100 名 6~11 岁以及 12~18 岁的德国儿童和青少年，外加 1039 名父母。他们得出的结论是，18% 的儿童和 19% 的青少年都明显受到压力困扰。在面临巨大压力的儿童中，70%的孩子难以完成家庭作业，而学校是一个显著的压力来源。

新冠疫情期间，网课成为另一个主要的压力来源。人际交往上的隔绝感，不习惯新的上课方式，问题常常得不到及时解答，导致许多待在家里的孩子难以达到学业要求，而且感觉十分孤独。网课还给很多家长带去了额外的负担，他们也觉得分身乏术，如果父母不能辅导孩子学习，很多孩子的功课就会落下一大截。

汉堡大学艾本多夫医学中心于 2021 年 2 月公布的新冠疫情与心理健康研究项目结果显示，疫情开始 10 个月以后，近三分之一的儿童出现心理异常，例如出现恐惧、担忧、抑郁等症状，以及心因性疾病，比如意志消沉、头痛或腹痛。来自社会弱势群体家庭或有移民背景的少年儿童受到的影响尤其严重。

未来我们必须找到解决上述问题的结构性解决方法。新冠疫情过后，父母应当特别关注孩子是否产生了负担过重、力不能胜的感觉，其表现为悲伤、孤僻、情绪不稳定、焦虑、恐惧或者头痛、腹痛、睡眠障碍之类的心因性疾病。在这样的艰难时期，父母给予孩子的亲密、对话和支持极其重要，甚至可以说生死攸关。

成功与自我实现的区别

人们拼尽全力，不过是渴望证明自己，想要获得认可。这里说的“证明”指的是通过外界普遍认为的成功证明自己。假如我们能够不再依赖这种“证明”，我们将会多么自由。我们往往终其一生都把外界的评价，比如来自同事的好评、朋友口中的赞扬还有父母的认可看得比自己的判断更加重要。在我认识的人中，只有寥寥数人能够做到真的不在乎他人的评判。这类人的心里通常有着清晰的方向，也有强大的内驱力。他们的成功来自内心的动力，而不是为了向他人证明自己。

高分也是一种外界的评判，它传达给孩子这样的信号：我被评为“良”，或者我被评为“优”。然而这并不等同于良好的自我价值感。自我价值感良好的孩子即使分数不高或者得到的评价不太理想，也依旧喜欢自己。所以不断向孩子传达这样的观念非常重要——他原本的样子就很好，不管他的数学考了100分还是60分。这并不意味着，如果孩子成绩欠佳就应该听之任之。我要说的是，不能把孩子的分数等同于孩子本人——孩子和他的学习成绩是两回事。太多父母在自己的孩子和他们的考试分数之间画上了等号，把作为完整个人的孩子几乎降格为一张薄薄的成绩单，在孩子步入社会以后又把他压缩成一张工资条。有一番大作为的“差生”在人类历史上数不胜数，一生碌碌无为的优等生也大有人在。托马斯·曼[一]，他的作品出现在无数德国中小学生的课本里，过去如此，现在如此，未来依然将会如此，而他中学毕业时的成绩很是一般。还有赫尔曼·黑塞[二]，全德国以他命名的中小学不胜枚举，然而少年时代的黑塞在修道院学校里是个“问题学生”，后来他还说他的内心在学生时代备受摧残。著名歌手妮娜[三]在高考前夕辍学，她起先做了金匠学徒，兼职唱歌，后来成为一代流行乐天后。英国首相温斯顿·丘吉尔做学生时厌恶上学，曾多次留级。

分数无法决定人生之后的成功，
而之后的成功也并非良好自我价值感的保证。

㊀ Thomas Mann，德国作家，著有长篇小说《布登勃洛克一家》《魔山》《约瑟夫和他的兄弟们》等，1929 年获诺贝尔文学奖。——译者注

㊁ Hermann Hesse，拥有德国与瑞士双国籍的诗人、作家和画家，著有小说《荒原狼》《悉达多》《玻璃球游戏》等，1946 年获诺贝尔文学奖。——译者注

㊂ Nena，本名 Gabriele Susanne Kerner，德国摇滚流行乐歌手，是德国流行音乐史上最成功的歌手之一。——译者注

有些成年人一直给自己施加业绩压力，需要通过不断的成功才能感受到自己的价值。他们这么做是为了维护自己原本就十分微弱的自我价值感。可是事业有成的人并不一定觉得自己很有价值。成年人的自我价值感取决于他是否在童年就坚信自己原本的样子就值得被爱的道理。因为懂得了这个道理，孩子不必借助成功就能感受到自己的珍贵，而他们之所以取得成功，是因为他们充满信心地在做自己喜欢而且擅长的事情。

因此自我价值感匮乏的人会倾向于追求成绩和业绩，为求成功不惜苛待自己。很多来自艺术、经济、政治、学术、体育各界的名人正是在这种补偿心理的驱动下在职业生涯中做出了优异的成绩。成功当然能增加信心，也会提升自我价值感，但还是不能把成功等同于自我价值感。自我价值感匮乏的人即便取得了丰硕的成果也还是会自我怀疑，仍然对自己感到不满，因为他们感受不到自己的价值。他们常常会质疑自己的成果是否有价值。良好的自我价值感就像一块坚实的土地，在上面可以开拓出实现自我的人生道路。这条路上的行人因为充满自信，所以能够做出符合个人发展的决定，他会安心地遵从自己的喜好，通常他会沿着这条路走向自我实现，顺带达到外界定义上的成功。

如果你确定自己的孩子学业压力过重，可以试着和他好好谈一谈。学业压力过重的表现有：超出正常强度地学习，焦虑、害怕写作业，因为分数不理想而意志消沉，一旦分数没有达到预期就万分自责。即便取得了优异的成绩也并不开心，这也是学业压力过重的表现。给自己施加过重学业压力的孩子会把既往的好成绩一笔勾销，然后立刻开始准备下一场考试，把自己置于新的压力之下。所以他永远都不会因为取得好成绩而高兴或者感到平静放松；压力永远都在，其原因正是在于孩子缺乏自我价值感，他觉得自己必须成绩突出才能让人满意。

看到孩子上进，分数又漂亮，父母通常会很高兴，看不见孩子刻苦学习背后的伤痛。家长一定要学会区分健康的进取心和让孩子不堪重负、十分痛苦的进取心。病态的进取心会让孩子产生完美主义倾向，甚至近乎强迫症。然而这类孩子通常表现良好，他们突出的表现也让父母和师长颇为满意，所以成年人经常忽视他们的苦楚。只有当孩子因为压力过大而出现恐惧、抑郁或者心因性疾病的症状时，周围的人才会意识到他的痛苦。如果我们能够及时辨认出这种补偿心理的表征，并且帮助孩子减轻重压，他们就不必经受这么多的煎熬了。在这种情况下，父母要关爱孩子，体谅孩子，告诉他父母感觉到了他压力很大，想象得出他现在有多难过。单单是自己的痛苦被一个成年人看见的感觉，就能够让孩子心里轻松许多。

父母可以试着找出孩子给自己施压的原因，最好是家长能够告诉孩子，爸爸妈妈对他的成绩期望并没有那么高。另外父母还要扪心自问，自己平时在压力和成绩方面给孩子塑造了一个怎样的榜样。

我们还可以给孩子列举他除了学习成绩好以外的其他优点——慷慨大方、乐于助人、幽默风趣、待人友善……父母可以告诉孩子，他不只有学习成绩这么一个方面。光靠一次谈话当然无法把这个话题讲明白，不过谈论这个话题可以是全面发展的开始。最重要的是，父母要通过自己的语言和反应让孩子相信，爸爸妈妈对他的爱与成绩无关。

最后一点是，父母的态度应该以信任打底：我们要信任自己为人父母的能力，也要信任孩子的品格。如果我们对自己和孩子的信任强于对外在评分系统的信任，我们就给了孩子一个自我展示和自我发展的机会。把自我价值等同于绩效，甚至将二者混淆，这是可以理解的，一定程度上也与当今绩效社会对家庭的要求相符。因为成功意味着名望，通常也意味着财富，它至少能够提供物质保障，我们也都希望自己的孩子能够衣食无忧。可是名望和财富不能填补匮乏的自爱，所以有必要区分孩子的成绩和孩子的价值。孩子是珍贵的，不为别的，只是因为他是他。他不需要做任何事或者证明任何事就能感受到自己的珍贵。他取得成绩应该是出于内心的动力和内在的进取心。要是想帮助孩子形成稳定的情绪和良好的自我价值感，就不能一味地激励孩子要取得成功，因为这可能导致他的自我价值感依赖于外在的评价。

我们应该坚持寻找让孩子感到自我实现的活动。

感受到自我实现就是一种成功。
孩子内心的评判在这里起决定作用。

这里的成功是实现自我价值，而不是为了补偿自我价值感缺失的成功。在这里我要澄清一下——成功很好，也值得我们去追求，但是应该把成功视为个人发展的表现，而不是价值感缺失的补偿。

反思

根据我的经验，孩子在成绩上给自己施加高压，他们的父母却经常以为自己没有给孩子什么压力。在这样的家庭中，父母对孩子的期待往往是无声的，父母不必言说孩子也能感知到它。如果你的孩子学习压力过大，那你要问问自己：孩子对此会怎么说——家里是不是弥漫着对他不言而喻的期待之情？要是你不确定孩子会怎么回答，那么考虑一下直接问问孩子，他是否感受到了这种期待，这种期待又是否让他倍感压力。一旦你决定和孩子谈论这个问题，就要尽量坦然接受孩子的回答。要把孩子的话听进去，和伴侣一起好好想一想，你们怎么做才能减轻孩子的压力。

没有压力的时光——体育、艺术、阅读和音乐

孩子怎么才能获得自我实现感呢？要是我们不断地关注孩子，观察他，询问他，我们就会了解到，他是谁，他喜欢什么，他能够做什么，他害怕什么，他不擅长做什么，什么会让他高兴。认真处理孩子传达给我们的信息，我们就已

经成功一大半了。我们展示给孩子的是，我们看见并且感知到了他原本的样子。孩子如果感受到了这一点，他就不会处于必须改变自己以适应某种标准或者满足父母心意的压力之下。他体验到的是坦诚、爱意与尊重。

得以自我实现，并且体会到父母的支持、爱意和善意，这些意味着孩子不必按照他人的意志做人，而是按照与自己相符的样子生活。也就是说，孩子被允许追求和表现自己真实的人格。

表达原本的自我，活出本真的自己，
是心理健康的基础。

有时孩子知道自己喜欢什么，只是不敢表现出来。我正好认识两位很有音乐天赋的男性好友，他们儿时都喜欢跳舞，都上过一段时间的芭蕾课。那时候学芭蕾舞的男孩子非常少见，所以他们被自己的兄弟和其他男孩嘲笑，没过多久就不学了。但是这两位朋友都说，他们跳芭蕾的时候很快乐，而且不学芭蕾以后，他们难过了好一阵子。今天的教育在跨越性别限制上已经有了长足的进步——然而对男女社会角色的偏见和关于男孩女孩形象的刻板印象依然存在。孩子不仅要面对家人对自身个性抱有的期望和提出的要求，还要尽力满足社会的准则，以免遭到孤立。

父母可以支持孩子寻找让他实现自我的事情。当我们能够把孩子真实的个性排在我们对孩子的期待之前时，就已经接近成功了。我们观察孩子的成长，看见他的需求，如果可能的话，还要满足他的需求，这不仅让孩子，也会让作为父母的我们内心感到无比丰富和充盈。

自信的人对成功有自己的定义。他们遵循对自己而言重要的事情。他们有所建树，勤奋努力，刻苦自律，都是为了那一件让他们充满动力的事情。这类人找到了他们的热情所在、一生所爱，他们愿意为之付出努力。他们找到了自己的“事情”，不会因为任何事或者任何人而偏离方向。如果孩子有机会发展自己的兴趣，他们很可能会发现自己的热情所在。通过这种方式，孩子可以学会相信自己，相信内心的声音。他们会学到，自己能够感受自我，认识到什么是适合自己的。假如孩子必须做父母喜欢的事情，那么他发现自我的热情的可能性就很小。

不自信的人不敢相信自己的直觉，不会倾听为自己指明方向的内心的声音。正因为他们不会听从自己的声音，所以他们需要听从他人的指挥——往往是父母对他们说“去当税务顾问吧，这工作收入稳定”，或者“不要搬去别的地方，你的根在这里，留在这里对你好”“你要找一个这样的妻子 / 丈夫”……诸如此类。也许这些决策本身都是对的——但前提是一个人因为有相应的需求，想要过这样的生活，从而自己做出决策，而不是因为父母或是别的什么人觉得这样的人生道路安全无虞。

因此有些成年人过着他人为自己设计的人生，而不是自己想过的人生。当他们意识到这一点时，往往会经历一场危机。不过危机之中潜藏着机遇——当自我的需求与他人的安排相冲突时，人会开始思考：我到底想成为一个什么样的人？什么才是适合我的？我到底想过什么样的生活？人越晚提出这些问题，在不适合自己的人生中蹉跎的时间就越长。孩子越是自信，越信任自己的直觉和分析，成年以后就越能有意识地做出适合自己的决定，按照自己想要的方式生活。**信任他人胜过信任自己的孩子，很可能养成把自身幸福寄托于他人的性格——他们跟着别人的意见走，并且推卸责任——即便是让自己幸福的责任，他们也不想承担。**

这种性格常常会给亲密关系带来问题：不自信的人习惯于把自己的幸福寄托在伴侣身上——我的伴侣要为我的幸福负责，我幸不幸福，全都取决于他的行为态度。学会了信任自己的孩子则会成长为能够为自身幸福负责的人，他们不会把这份责任推给别人。

高考之后，我想学心理学。我的父母则希望我学企业经济学。想来父母也是希望我能够拥有稳定的物质条件，他们担心学心理学不能让我衣食无忧。于是他们建议我开始学心理学之前去银行做一段时间见习柜员。他们觉得这份工作能让我有点经济基础，“没什么坏处”。他们的想法当然也是对的，只是可惜我对经济完全不感兴趣。记得我对母亲说，我不想去当见习柜员，我想去法国或者西班牙待一段时间，进修一下外语。我比较擅长学习语言（与银行业务相比）。母亲坚决拒绝了我的提议，她说我应该接受一些扎扎实实的职业培训，而不是在国外“浪费时间”。我压根就没有想去浪费时间。学语言让我快乐，而且我感受到自己没有当见习柜员的动力和热情，我做这份工作只是为了让父母满意。我内心的声音不够强烈，不够响亮，没能盖过父母的声音——他们当然都是为了我好。然而，到底什么对我“好”，只有我自己才能知道，只有我自己才能说了算。那时候我缺乏勇气，不能听从自己内心微弱的声音，不敢冒险，生怕违拗父母的意思自作主张以后犯下错误。走自己的路总是需要勇气。听从他人的安排可要舒服多了。因为即便走错了路，自己也不必承担责任——只是要承担不能自己规划人生，得按他人想法生活的后果。

于是我去做了见习柜员，做得无精打采，也没什么天赋。不过那段时光还是让我学到了一些东西——第一件事就是：要更多地倾听自己的心声。

父母应该鼓励孩子倾听自己内心的声音，
鼓励他们勇敢地自己做决定。

给孩子找到自我实现的机会。自我实现是一个宏大的概念，要达到这种状态，必须多方因素共同作用。

“心流”中的孩子

与我们成年人相比，孩子有一项明显的优势：他们天生就能轻而易举地沉下心来，全神贯注于自己此时此刻手中正在做的事情。这时他们处于一种被称为“心流”的令人幸福的状态中。在“心流”中，人的精神完全合一，沉浸在自己正在做的事情里。孩子拥有创造“心流”的能力，是因为他们尚未丧失遗忘周围世界的天赋。“心流”中的人完整和谐，会感受到自我的实现。有些成年人会在运动中、工作中，或者在任何能够让他感到自我实现、使他全情投入的活动里体验到“心流”。孩子投入地玩耍或者沉浸在某件他热爱的活动中时，同样会进入这样的状态。

我们成年人应该留给孩子足够的空间，让他能够进入“心流”状态。也就是说，要给孩子一份自由，让孩子自己待一会儿，给他留出足够的空间和一些自由的时光。在沙滩上，有时我们会看见一些孩子完全沉浸在自己的世界里，心无旁骛地堆沙倒水。即使沙滩上熙熙攘攘，身边充斥着吼叫声、尖叫声、呼喊声、口哨声，他们却充耳不闻，依然专心致志地做自己的事情。有时他们还会喃喃自语，仿佛此刻世界上只存在眼前之事，除此以外别无他物。我一直很喜欢观察这些沉浸在自己世界里专注做事的孩子。当然孩子也可能专心地做堆沙堡以外的事情——我弟弟小时候会躲到家中的工具间里做模型，一待就是好几个小时。还有些孩子会因为跳舞、听音乐或者扮演想象中的超级英雄而忘记了时间。

我们这些总是为了孩子好的父母也要真的给孩子留出空间，让他们能够随心所欲地发挥，不要对他们的沙堡指手画脚，也不要在孩子自由自在地模仿时给他编排一套舞蹈动作。有时候孩子也乐意我们给他们提些建议，但必须是在他们感到无聊或者没有主意的时候。而且：

“心流”状态下的孩子不需要指导，
只需要空间、时间和安静。

除了学校里繁重的功课，事事为了孩子好的父母从孩子很小的时候起就给他们安排了各种兴趣班、辅导课和课外学习班。这些课程可以给孩子提供指导，让他们有机会发现自己的天赋和热情所在，是少年儿童成长中的重要助力。有些孩子的日程被安排得满满当当，除了完成学业还要参加很多校外的活动，完成家长布置的任务，这里就涉及我们有时会提到的“业余时间压力”。

很多家长认为，要让孩子在业余时间尽可能多参加一些“有意义”的活动。为了培养和督促孩子，有的父母会让还在上幼儿园的孩子又学汉语，又学芭蕾，又学钢琴，还学陶艺、网球和马术。用心栽培孩子是好事，但是栽培也有一定的限度——首先要观察孩子，然后思考：是父母自己喜欢这些课程，比如小时候想学骑马但是没有条件，还是孩子真的喜欢骑马，热切地想学习马术。而且不要报太多的兴趣班，让孩子不堪重负，要给孩子一点自由度，让他主动提出自己想学什么东西。

我主张孩子一定要有可以自由支配的时间。如果孩子的每分钟不是在学校就是在校外的各种课外班或者活动里度过，他虽然不会“荒废”时间，但是也失去了自己想出点子、自己提出创意的空间。只有当孩子有了可以自由支配的时间，他才会在没有安排的下午考虑要玩什么游戏，做什么活动，或者培养什么爱好。要是我们总是把各种选项摆到孩子面前，让他从中选择，他也会产生积极性，但是无法学会独立地创新。他们只是在消费创造力，而没有培养自身的创造力。

我们的任务是，帮助孩子焕发出自己的光芒。每个孩子都能凭借自身独一无二的个性，以其特有的方式让这个世界变得更加丰富多彩。

每个孩子都有一项带给自己快乐的天赋或爱好。

告诉孩子，他是上天赠予我们的一份礼物，也是送给全世界的一份礼物，这会增强他的自我价值感。孩子不必一定要在某个领域特别成功，或者做出卓越的成就。重要的是，他能够保持自我，能够找到实现自我之事。在这种情况下，孩子拥有自我意识，可以“做自己”，做自己擅长的那件事，让自己焕发光芒。对有的孩子来说，那件事可能是体育，也可能是画画，有的孩子帮助他人时最有自我实现感，比如照看小孩或者服侍老人。不管是什么事情，只要孩子找到了能让他感到自我实现的活动，他们就能更加强烈地体会到自己的人格，也会感受到自己的力量。

第七章 07

社交媒体——自我展示时代的自我关照

Soziale Medien: Der Liebevolle Blick Auf Sich Selbst In Zeiten Der Selbst-Darstellung

随着社交媒体的发展，自我展示变得越来越重要，在儿童和青少年群体中也是如此。从青春期早期开始，孩子就会开始在社交媒体上尽可能地展示自己，个性与日常生活的视觉化呈现成了一个重要的环节。

自我展示的压力随着社交媒体的使用而增加，大家都想让自己看起来尽可能地美丽、健康和苗条，想用各种名牌装饰自己，想展示令人艳羡的生活。这一方面是因为我们始终在和其他网友比较，不断将自己的外貌与生活同他人做对比。我们的攀比心有时过于强烈，以至于摆拍似乎变得比真实的生活更加重要。另一方面，自我展示的方式是否正确，也给我们带来了压力，毕竟社交媒体世界里的通行货币是点击量和点赞量。我们会不停地查看自己收到了多少关注和点赞，有时甚至会上瘾。即便还称不上真正的“瘾”，但不停查看社交媒体，以及经营个人的社交媒体形象，都会耗费大量的时间和精力。

我们在社交媒体上的形象与自己真实的想法相距甚远。

我们在社交媒体上展示自己的时候，都想通过某种方式赢得他人的好感。所以每个人在社交媒体上或多或少都有一些表演的成分。我们把自己装扮和打造成自认为富有魅力的样子，并且乐于向外界展示如此的自我形象。大多数人窝在沙发里的样子肯定和他们上班时、逛超市时、参加聚会时的形象大不相同。然而这并不意味着，我们始终面临着要时刻保持某种形象，并且以此获得他人认可的压力。这种自我展示意味着我们一直在用外界的视角打量自己。过度采用外在视角会导致儿童和青少年失去审视自我的内在视角——内在视角可以让我们看见“我喜欢什么，我可以成为什么样的人”，而不是看到什么样的形象能够收获更多点赞。

点赞造成的异化

青少年会经历一种青春期特有的压力——必须“属于”某个群体的压力。从现实世界进入网络世界以后，这种压力会被放大好几倍。因为在网络世界中，一个规模难以计量的群体会对你的社交媒体形象给出反馈，而且它会当即给出全世界可见的“评判”。

过度受到身边人喜好的影响，
不利于儿童和青少年自我意识的养成。

这样一来，青少年会失去与自我、与本真的联结，过度关注他人和他人的看法。

一部分青少年意识到了自己长期受到社交媒体压力的负面影响，试图自己找到解决的策略。

雷恩（14岁）

我发现，比起发“故事”（社交媒体上到期即自动删除的视频或照片），我更喜欢发“朋友圈”（不会到期自动删除的照片和视频）。我的朋友们，特别是女生，总是发“故事”——她们只想分享一些美好的当下。她们整天手机不离手，简直对手机上瘾。

“朋友圈”不会自动删除，所以大家发“朋友圈”的频率没有那么频繁，发之前也会多想一下，不会不停地随手发。我觉得这样更好一些。自从我开始只发“朋友圈”以后，就觉得放松多了。

在社交媒体上进行自我展示可能导致自恋和缺乏共情能力。专攻中小学生心理问题的美国心理学家米歇尔·博尔巴写了一本著作，名为《少点自拍：在人人以自我为中心的世界里，为什么共情力强的孩子更容易成功》。这本书基于密歇根大学于 2010 年展开的一项研究，其结果显示，美国大学生入学时的共情能力与三十年前的同龄人相比低 40%。的确，有的青少年过于关注自己在社交媒体上的形象，以至于把自我展示看得比现实生活更加重要。比如在一场聚会中，社交媒体上光鲜亮丽的动态对他们来说要比和其他客人互动或者融入群体更重要。

只忙着“发送”的人，不会懂得“接收”。

想要建立有情感互动和亲密感的真正的关系，反而变得十分艰难。

自恋并不等同于自我价值感过高，而恰恰是自我价值感不足导致的补偿行为。与他人接触少，忽视他人的需求，会使得青少年不仅失去和自我的联结，还会和身边的人越来越疏远。

了解孩子在网络世界中的动向

总的来说，父母要对孩子社交媒体的使用方式格外小心。父母要经常和孩子交流他们的网上活动，要对孩子的网络世界表现出浓厚的兴趣，让孩子给自己讲解网络世界里发生的事情。如果你和孩子保持交流，就能感受到孩子的自我价值感有没有过于强烈地受到互联网的影响。一旦你产生了类似的担忧，或者你注意到孩子离不开手机，就要和他好好谈一谈。尽量避免指责孩子，而是要向他解释，网络世界会消耗大量精力，让人对现实世界提不起兴趣，同时还要激励孩子更多地去体验现实世界。告诉孩子，攀比对自我价值感有害：总是和别人比较的人可能会失去自我，偏离自己的道路。“你是宝拉，不是夏洛特。你有你自己的朋友、自己的亲人、自己的爱好和自己的长相。夏洛特也有她自己的生活。你们两个原本的样子都很好，你们根本就是两个不同的人。”要和孩子讨论个体性与真实的自我。

相貌在自我价值感中占有重要地位——只是重要程度因人而异。很多正值青春期的女孩会把自我价值感与自己的外貌紧密联系起来，频繁使用社交媒体更是加强了这种倾向。

对青少年来说，更加关注自己的容貌，符合这一年龄的心理特征，对个性发展也有重要意义。然而总是把自己与极其苗条、美貌过人、堪称完美的同性比较——尤其在一些青春期女孩中间会有这种现象——会导致自我价值感缺失。这些女孩是在用非现实的、不可达到的理想形象和自己比。有的女孩甚至因此患上了厌食症。

禁止青少年使用社交媒体，肯定不是解决办法。然而孩子们使用社交媒体时需要我们的引导，也需要我们为他们制定规则。你可以留心孩子有没有过分在意自己在社交媒体上的外在形象。这是很容易看出来的。比如你看不惯某个聚焦于女性外貌的电视节目，可是一味禁止孩子收看这档节目也很难改变他的想法。因为孩子第二天到学校里，身边的同学都在谈论这档节目，他也想要说上几句，避免产生格格不入的感觉，所以孩子依旧会对它青睐有加。不过你可以和孩子一起看这档节目。这样你就有机会用一种批判又不失尊重的眼光和孩子一起讨论它，而不是武断地贬低他喜欢的东西。重要的是，你可以在智力、体育、手工、音乐或是社会活动方面给孩子一些启发，让他体验到自我实现的感觉，从而加强他在外在形象之外的自我价值感。

我们可以从小就告诉孩子，他的价值来自很多方面，外貌只是其中之一而已。在一个视觉主导、看重外貌的世界里——暂且不论这一点是好是坏，我在这里不做评价——传递给孩子们重视内涵的态度，和他们分享这一态度，显得更加重要。这样可以培养不以外在形象为中心的自我价值感。

如果你的孩子正在费心经营自己的外在形象，你可以向他强调气质的重要性。我们可以主动塑造自己的气质。我们向外散发的气质来自我们的内在。评判他人时，对大部分人来说，宜人、友善、坦诚和质朴的气质更加重要，胜过所谓的美貌。良好的气质惹人喜爱，很有吸引力。也许你可以和孩子一起举出例子：外公也许算不得传统意义上的“美男子”，可是他对木工活的热爱赋予他一种积极、坦诚、很有感染力的气质。或者是孩子心爱的毛绒小狗，它丑丑的，还有点破了，既不新也不完美，但它却是孩子身边最好的陪伴者。

社交媒体上有很多内容，是孩子们不加批判就“全盘接受”的，也是我们应该密切关注的，因为我们意识到它们对孩子有哪些潜在威胁。简单直接地贬低孩子的偶像，很少会浇灭孩子的热情。更好的应对方法是，始终与孩子保持对话。比方说，你看不惯你女儿喜欢的 YouTube 或者抖音网红，因为她们太瘦了，而且宣扬疯狂追求瘦削身材的不健康观念。这时不要不假思索地出言贬低，先听听女儿是怎么说的，听她讲她为什么喜欢这个网红。你要认可她的才华，同时指出她不健康的一面，并且鼓励女儿进行批判性的思考。想要让孩子信服，肯定得花费一些力气，不过你要和他保持交流，巧妙地说起你认为有害的方面，而不是一开始就陷入了一味贬低打压的陷阱。

和孩子商讨适当的社交媒体使用时长，并且把它定为规矩，是很有意义的。这和讲明社交媒体蕴藏的风险，还有规定社交媒体上哪些活动可行哪些不可行一样，都是确保孩子在保证健康的程度内以健康的方式使用社交媒体的基础。心理学家帕特莉琪雅·卡马拉塔在她的著作《玩三十分钟就关机！与孩子悠然穿越信息丛林》中向家长介绍了管理孩子使用各种社交媒体的方法，从 YouTube 到电脑游戏，从 Instagram 到抖音，不一而足。她向我们展示了，即便父母本身不是信息时代的原住民，也能做好孩子的媒体教育。

你还要告诉孩子，哪些内容可以发布在社交媒体上，哪些不可以。要强化孩子“互联网上无撤回”的意识，他必须对自己想要发送的内容十分确定，因为发到网上的东西无法撤回。教会孩子在网络上保护自己，别让任何人都能获取他的个人信息。

网络霸凌对儿童和青少年而言是一种切实的危险。该形式的恶意攻击对被霸凌者的自我价值感破坏性极大，甚至有生命威胁。在德国西南媒体教育研究会的“2020 年青少年、信息与媒体研究项目”（JIM）中，38% 的 12~19 岁受访者表示他们身边有遭到恶意网络霸凌的受害者，11% 的受访者自称曾遭受网络霸凌。

作为父母，我们可以引导孩子意识到使用社交媒体的危险性。然而可惜我们无法百分之百地保护他们免于伤害。在这方面，我们能够给予孩子的最好的保护，就是告诉他们使用社交媒体的风险，以及培养他们对我们的信任，这样我们至少还能指望他们一旦遭遇霸凌或其他危险时会向我们求助。所以你要对孩子喜欢的东西展现出真实的兴趣，避免贬低式的评价，寻求包容的对话，这样孩子陷入困境时不会觉得不能向你求助，因为反正你从来都对他喜欢的东西没有好感。

“我太无聊了！”

出生在20世纪的我们小时候几乎没有电视看，更不要说互联网、电脑和手机了。那时候我们的星期天多无聊、多漫长啊！有时候星期天实在是太无聊了，以至于我们都盼着星期一去上学了……不过有时从这种无所事事中也会生长出奇思妙想或是一些充实的活动：我们和兄弟姐妹一起发明了一种特别好玩的游戏，或者几小时几小时地读书，又或者沉浸在自己的幻想世界里。我们可以用积木搭出无穷无尽的世界，或者在外面玩“跑酷”玩到忘我。

在媒体普及的今天，我想要强调的是，一定程度的无聊可以激发创造力。因为无聊为创造力提供了空间——这种创造力由内在的自我而生。该过程让孩子体验到了某种意义上的独立感和创造上的自主性，因为他感受到自己可以自主行动，而不是被动地被人塑造。他们由此学会了使用自身的创造力——这项能力会让他们面临今后人生中诸多挑战时受益匪浅。**今天的孩子享有互联网和社交媒体提供的各种消遣，他们在闲暇时间里越来越接近消费者而不是创造者。**创造力的用武之地越来越小，人对媒体的依赖越来越大。

我不是文化悲观主义者，并不认为过去比现在更好。事实也并非如此。如果能够理智而有度地使用互联网，它也能够提供海量的学习机会和充满创意的游戏。然而当孩子完全被动地接受网络向他们输入的内容时，互联网就会把他们变成无脑的消费者。他们几乎只会从媒体提供的选项里选择自己想做的事情。这是被动的反应，不是主动的行动。我们要让孩子拥有自我塑造的可能，让他们可以从自己身上汲取力量。要做到这一点，他们需要的是空间和时间，有时候还需要一些无聊。

我印象特别深刻，有一次我们停用了几天社交媒体，我的一个儿子练琴、读书和打篮球的时间就增加了不少。而且让我特别高兴的是：他和我聊天的时间变多了。

我不相信我们能够做到杜绝孩子使用社交媒体，而且也没有这么做的必要。不过我们还是应该根据孩子的年龄，规定合适的社交媒体使用时长。设立一个亲子共同遵守的社交媒体禁用日也非常有意思。这样孩子就会明白，禁用社交媒体不是惩罚，而是适用于全家人的“戒毒行动”。它既可以给予创造力自由的空间，还能让家人之间更加亲密——例如，全家人星期天全天都不许使用社交媒体。正因为我不能频频看手机或者上网，我就必须想些别的消遣法子。空间就这样产生了——新的点子也会出现。如果全家人都能遵守的话，真的会让大家拥有家庭时光的新体验。

08 第八章

当自我价值受到挑战

Situationen, Die Den Selbstwert Herausfordern

每学年末，总有些孩子如坐针毡——一想到要把不尽如人意的成绩单送到父母面前，好多孩子就害怕得不得了。这些孩子觉得，自己不可以犯错误。什么是犯错误？**所谓错误，就是“实为”状态与“应为”状态之间产生了偏差。**“应为”状态通常是由父母为孩子规定的。他们或明确或委婉地表示了对孩子在日常表现、学业成绩以及兴趣特长方面的期待。其实“实为”和“应为”之间的偏差不是问题，只要父母能够泰然处之，社会也能接受它。然而很多父母——他们通常不自知——很难接受孩子没有达到自己的期望。孩子考了低分，父母连骂都不用骂——孩子只要看到爸爸或妈妈失望的脸就足够了。孩子可以感受到父母期望他们尽量不要犯错。无论是明确的要求还是无言的暗示，孩子都可以感受得到。不被允许犯错或者只被允许犯一点点错，会让他们面临巨大的学业压力。这会导致孩子采取不健康的应对错误的策略——他们会撒谎，会掩饰，会付出过度的努力或者不择手段地避免犯错，只为满足父母的要求。秉持上述策略的行为都是违背本真的表现——这些孩子不能展现真实的自己。他们无法向父母敞开心扉地谈论自己的弱点或者失落感，只能扭曲自己，委屈自己，伪装自己。这种有违本真的行为方式来源于对父母的认可与爱的需求，无益于养成稳定的心理状态与平和的情绪状态，因为它会损害孩子的自我价值感。孩子会觉得自己本来的样子不令人满意，只有当他达到父母的期望，尽量少犯错的时候，别人才会对自己满意——可是谁又能从不犯错呢?

错误中蕴藏着机遇

我们不应该把父母之爱与良好的表现或者好成绩挂钩，即便孩子的表现让父母不高兴，或者他没有取得父母希望的成绩，父母也不能撤回对孩子的爱。孩子的人格尚处于成长阶段——他们正在学习，拥有犯错的权利，甚至可以说，孩子必须犯错——这也是学习和成长的一部分。有时父母会把发展的眼光抛在脑后，用冷冰冰的态度告诉孩子，他们不赞成他的行为。**当孩子的行为与期待不符时，父母不由分说地采用冰冷严厉的态度，这种教育方法会对孩子造成伤害，因为它基**

于“撤回”原则：**如果你不按我的意思来，我就不喜欢你了。**在成年人眼中，这种方法可能颇为奏效，因为照理说孩子会想尽一切办法阻止父母“撤回”对自己的爱。从父母否定的情绪里，孩子会知道他们不喜欢什么样的行为，之后他就会避免这种行为。

然而就自我价值感而言，这种教育方法是有害的，因为它会让孩子觉得，自己本来的样子是不被爱的，他必须表现得“乖”才能被爱。他会以为，父母的爱是会动摇的，是有条件的——孩子在这样的爱里不会安心，不会有得到庇护的感觉，这样的爱不会告诉他：“就算你有时候不像我希望的那么乖，我们还是可以聊一聊，一起想一想，以后要怎么和睦相处。你要坚信：我永远都爱你，永远爱你本来的样子。”

被惩罚式“撤回”法教养的孩子成年以后往往会在亲密关系中复刻这种行为模式。他会用否定以及情感上的“冷处理”来告诉伴侣，自己不赞成对方的行为。他们在父母那里没有得到学习建设性地处理冲突的机会，所以很长一段时间里，一旦遇到冲突，他们都会条件反射式地陷入已经内化的行为模式。这通常会给亲密关系造成严重的问题，因为谁会喜欢情绪上的“惩罚”呢？上述行为模式会带给遭受这种情绪“惩罚”的伴侣负面情绪和不安全感。而且，如果缺乏建设性的谈话习惯，“冷处理”背后的造成冲突的原因依然无法得到化解。

我们要把我们的愿望和期待告诉孩子。从孩子很小的时候起，我们就可以对他们的行为给出实事求是的、有建设性的反馈，并且与他们进行讨论，孩子越长大，亲子之间的讨论时间可以越长，内容越细致。接下来我们要做的就是相信孩子，相信他们有想要好好表现的需求。我们越能以身作则，孩子就越能达到我们的期望。要是我们能够营造出宽松的家庭氛围，让孩子觉得自己可以犯错，可以有些出格的举动，而且我们还是会爱他、尊重他，那么他也会建设性地融入这种氛围里来。

如果父母自己从小接受的是非常严格的、对犯错包容度很低的教育，那么对他们来说，养成建设性地看待错误的态度并非易事。所以父母也要反思自己面对错误时的态度。**面对错误时，有利于建立自我价值感的态度是，不把错误看成对孩子或者对自己来说完全负面的事物——不用为此羞耻或者乞求他人原谅。**应该把错误视为机遇和可能性，通过它，我们可以改善某件不那么令人满意的事情。而养成这种心态的基础是，父母用充满爱意、给人安全感的态度对待孩子，让他可以不害怕并且充满信任地与父母谈论自己犯的错误、自己的弱点，还有随之而来的种种烦恼。一定要让孩子相信，和爸爸妈妈聊过以后会好受一些，因为父母会爱意满满地支持他，帮助他寻找问题的解决方法，而不是一味地指责他。

我们每个人都应该能够感同身受地理解这个教育方法，因为我们都知道自己因为做错了事情而闷闷不乐时，想要得到怎样的对待。我们希望有人能够理解自己的负面情绪，还希望对方能够建设性地和我们一起想办法，想想“该怎么收拾这个烂摊子”。我们也知道自己不想受到怎样的对待：我们不想被贬低、被指责，不想原本就很低的自我价值感和安全感被进一步削弱，我们也不想听悲观的论调。

德国人对待错误的态度依旧十分严格：错误是消极的，要尽力避免犯错。而对于已经犯下的错误，我们宁愿闭口不谈。大多数人为自己的错误感到羞耻，竭力掩饰它们，不会公开谈论自己的错误。这种态度当然严格得过了头，而且更不好的是——它会妨碍我们建设性地应对错误。

每个错误背后都潜藏着汲取知识、获得成长的机会。

能够看出错误背后的潜能，懂得分析错误，
善于利用错误，以此实现自我成长的人，
不会掩盖错误，也不会为此过分羞耻。

拥有积极的错误观的人在犯错以后（没有人不会犯错……）能够走出受害者身份——他们不是错误的受害者，而是从自己的错误里吸取教训，并且让错误为我所用的主人翁。这种态度让人不必在掩饰错误上耗费心力，他们可以坦荡地承认错误，遵循本心行事，坚持自我，如果可能的话，还可以让他人参与进来，帮助自己修正错误，这也是成长的机会。

培养积极的错误观

如果父母能够从孩子很小的时候起就告诉他，犯错误是不可避免的，而且想尽一切办法避免犯错是不可取的，我们可以从错误中吸取教训，这一定会对孩子大有好处。错误能够暴露我们的弱点，进而我们才能想办法弥补自己的短处。而且父母这么做是在向孩子传达，有弱点是正常的，人人都有弱点，关键在于如何面对自己的弱点。

具有消极的错误观的人：

- 通常不愿意承认自己的错误。
- 想要掩盖自己的错误——他们虚伪矫饰，不能展现出真正的自我。这会导致他们的自我意识淡薄。这类人不会坚守真我，而是试图成为某种与自我并不相符的理想型人。他们的所作所为往往有违本真。

对错误抱有积极的态度的人：

- 会分析自己的错误。
- 试着去弥补它，纠正它。
- 将错误视为自我完善的催化剂。
- 觉得错误是挑战，而不是污点。
- 把错误看作个人成长的机遇。
- 承认自己的错误而不至于自我贬低。

（此处建议阅读《我就是喜欢我》故事手册中的小故事**《跌倒了站起来，我就是喜欢我》**。）

西蒙（11 岁）

有一次我和其他几个男生在超市偷糖果结果被抓住了。我想要显得很酷，所以就和他们一起去了。被抓住的时候我窘得不得了，害怕他们打电话告诉我爸妈。妈妈先是把我搂进怀里，爸爸也没有骂我。回家以后我什么都说了。他们告诉我，他们之前也有这样的压力，也想显得很酷，但是我爸爸说，能够说“不”并且坚持做自己认为正确的事情的人更酷。我也想这样。有这样的父母真是太幸运了。其他男生的压力就大多了。

在这个问题上，父母的榜样作用尤其有效——如果父母能够坦诚地承认自己的误判、遗忘或疏忽，孩子就会学到，不必隐瞒自己的错误。他们还会体验到，如果大家都用积极的态度对待错误，就会营造出一种助长建设性关系的氛围，因为人与人之间坦诚相待并且大家都秉持真我。当孩子犯了错误或者遭遇失败以后向父母寻求安慰和支持时，这是多么好的为孩子分忧减压的机会啊！孩子的这一举动体现出他对父母多大的信任啊！相反，当孩子做了一个令自己后悔的错误决定时，他可能会难过、恐惧、羞耻和不安，然而除此以外，因为他惧怕父母的反应，还要背上独自承受一切后果的负担。

要是父母可以在家里承认自己的错误，为之道歉，并且寻找避免再犯的方法，那么孩子自然而然就能以父母为榜样，学到许多。千言万语都比不上父母以身作则奏效。孩子可以从父母的身上学到为人处世的良方。可惜，反之亦然——孩子同样会复制父母负面的行为方式，而且通常孩子对此并没有意识。

要判断我们对待自己的错误持何种态度，可以首先反思一下我们与自己的对话。我们是不是经常在生自己气的时候喊出：

“我真是个白痴！”

“我个笨蛋！”

“我太蠢了！”

或者当我们想起自己忘了打电话，忘了预约好的某件事或者忘了处理某项工作的时候，我们会不会用类似的不大好听的话说自己。

要是忘事儿的是别人，我们会这么和他们说话吗？但愿不会！即便是自言自语，我们也不应该用这种方式说话，因为我们的孩子会学到这种自我交流的方式。如果你发现，自己犯错的时候，你确实是这样和自己说话的，那么我建议你和家人一起想一想，发现自己犯错的时候应该用哪些充满爱意的新词和自己说话。有一位母亲一犯错就喜欢骂自己“笨蛋”。她的儿子建议她改口说自己是“小傻瓜”。虽然这个称呼里还是有不太顺耳的形容词“傻”，但是开头的“小”字让它听起来多了些俏皮可爱，听着不像“笨蛋”那么生硬和恼怒，而且全家人听了都会发笑，能够活跃气氛。还有一个家庭决定在发现自己犯了错的时候说“羔羊崽子”，这个说法听起来也比较可爱，可以缓和冲突。孩子通过父母学到了，当他们犯错的时候，不必用难听的话贬低自己，即便犯了错，他们依然可以爱意满满地审视自己，这能够帮助孩子学会建设性地应对错误。

自嘲也能给人自由！好多犯错出糗的场景虽然令人气恼，但也会使人捧腹大笑。如果你的孩子看到你在这种情境下可以自我调侃，一笑置之，他就会学到，面对错误不一定非要苦大仇深，也可以在气恼之余笑上一笑。

要是父母能够用恰当的方式——根据孩子的年龄，找到合适的契机——和孩子聊一聊自己做过的错事，自己是怎么应对的，最重要的是，自己从中吸取了什么样的教训，孩子会非常乐于倾听。

安娜（10岁）

我在学校里为了讨好一个女生，说了另外一个女生的坏话。结果并不好，后来她俩联合起来孤立我，整天不理我，就好像我是空气一样。我不能和她们一起玩，我觉得自己被排挤了，特别难过。在很长一段时间里，我都不敢和妈妈说，因为她一直教育我："绝对不能说别人的坏话。这很不好。"是，我也知道，我做得不对，别人这么对我是我自己的错。道晚安的时候，妈妈察觉到我不太对劲，其实我刚刚哭过。她问我为什么哭，我就跟她说了。她的反应和我想的完全不一样，她把我搂进怀里，安慰我。然后她告诉我，她以前也有类似的经历，以及她是怎么走出来的。然后我就感觉好受多了，后来也走出来了。

有些不自信的青少年特别害怕犯错，因此不敢在课堂上回答问题，还害怕在同龄人中"说错话"。针对这类青少年，我会在他们面前摆出一些名人说过的有关错误的名言：

我们的失误往往比我们的成就更接近成功。

——亨利·福特

如果总是等到别人挑不出任何错误的时候才去做一件事，就永远做不成任何事。

——若望·亨利·纽曼

伟大的美德使人可敬，小小的错误使人可爱。

——赛珍珠

人人都会犯错。只不过有些人趁没人看见的时候犯错罢了。

——彼得·乌斯蒂诺夫

尽早地犯错并从中吸取教训，是人生一大幸事。

——温斯顿·丘吉尔

我喜欢错误。我觉得错误能增加趣味。

——莎拉·德森

找到了自己的路的人，就不必恐惧。他还必须拥有犯错的勇气。

——（摘自小说《少女布莱达心灵之旅》）保罗 · 柯艾略

只要活着就必然要面对失败，除非你小心谨慎到仿佛一生都没有活过。

—— J. K. 罗琳

停止犯错就是停止学习。

——特奥多尔 · 冯塔纳

犯错不可避免，正如失望也不可避免一样。

——洛丽泰 · 杨

这些对错误的认知总体来说比较负面的青少年看到这些功成名就的人对错误竟然有如此积极的评价，通常都会十分震惊。然后我会和他们讨论错误的价值以及避免错误、掩盖错误可能造成的后果。这些谈话往往非常有趣，而且会为这些青少年打开新的视角，让他们意识到，错误也可以被视为完善自我、吸取教训和促进个人成长的机会，所以不应该总是畏首畏尾地避免犯错。

有些家庭并不把错误视为洪水猛兽，也不会因为犯错而贬低家庭成员的自我价值感。这样的家庭氛围能让人体会到：

- 即便犯了错，天也不会塌下来。
- 重要的是从错误中吸取教训，同样的错误不要再犯。
- 吃一堑，长一智。
- 我可以告诉家人我犯错了，不会有人嘲笑我或者责骂我。

（此处建议阅读《我就是喜欢我》故事手册中的小故事《犯错的小兔子》。）

失败乃成功之母

孩子如果没能达到自己的预期，就会觉得自己没有成功，并将此视为失败。“如何面对失败”与“如何面对错误”是两个紧密相关的话题。失败可能是因为犯了错误，也可能另有其因。谁都不想失败，作为父母的我们当然也希望自己的孩子不会尝到失败的滋味。然而，就算失败再难过、再苦涩，它依旧十分重要，因为：

失败能淬炼孩子的韧劲。

永远一帆风顺的人生不会让孩子变得有韧劲、有志气。故意给孩子制造失败当然荒唐，但是为孩子清除人生路上的一切障碍同样有害无益。关键在于，当孩子经历失败的时候，父母要在他身边，陪伴他，支持他。

失败总是主观的。同样的处境，对有的人来说仿佛世界末日，对有的人来说却不值一提。每个孩子也是按照自己的期待来定义失败的。我们可以引导孩子制定健康的、适度的期待。人与人的自我期待大不相同，这在小学生身上就已经可以看出来了。孩子的自我期待往往与他们的性格气质有关——有些孩子很小的时候就已经展现出强烈的进取精神，他们很早就有了相当高的目标，总是拿自己和其他人比较，总是想要证明自己。还有些孩子爱做白日梦，非常贪玩，喜欢沉浸在自己的幻想世界里，他们对自己的成绩和表现，不论哪一方面，都没有任何期待。对这两类孩子而言，能够让他们感到快乐的自我期待无法用一个通行的标准概括——不同性格气质的孩子的自我期待可谓天差地别。

作为父母的我们只能摸索，到底哪种教育方式对自己的孩子比较好——大儿子不是精力充沛，总爱和别人比吗？那就给他报一个或者几个体育兴趣班吧，让他多参加一些比赛。二儿子沉浸在自己的幻想世界里，喜欢一个人待着搭积木。要不要逼他去学一门运动，让他多点好胜心呢？千万不要，因为好胜心一定是自愿产生的。假如我实在是一个重视体育的家长，那么我会试着找一项他喜欢的运动。也许他喜欢击剑，因为练习击剑的时候，他可以想象自己是一个骑士。也许他擅长而且喜欢舞蹈，因为他热爱音乐。

健康的自我期待是对自己有所要求，而且对自己的要求不能长期过高或者过低。有健康的自我期待的孩子必定具备良好的自我意识以及符合实际的自我意象。他们对自身能力一定有较为准确的把握，从而可以制定适合自己又能够激发潜能的自我期待。这可并非易事，孩子在这方面通常需要我们的指导。对好胜心强的大儿子，我们可以引导他在比赛中多一点游戏的心态，不要因为求胜心切而怒气冲冲。对另一个孩子呢，我们则要温柔地推他一把，鼓励他和其他孩子一起玩，防止他把自己封闭在自己的世界里。我们可以鼓励孩子参加某项活动，但是一定要认真对待孩子的反馈，关注他们自己的诉求。帮助孩子找到自己的喜好、兴趣和梦想，就是在为孩子加油。其中最有效的就是鼓励孩子坚持自己的梦想，即便他们的梦想听起来天马行空。

梦想何以成真

年逾八十的英国动物行为学家珍·古道尔[㊀]长年研究灵长类动物的行为并且致力于灵长类动物保护事业。她谈起早年母亲给予她的支持：

“……我的母亲太好了。我十岁的时候梦想去非洲，想和动物们一起生活，写关于它们的书——她是唯一一个支持我，没有嘲笑我的疯狂想法的人。那时候家里没什么钱，非洲那么遥远，我又是个女孩，年龄还那么小。可是她告诉我，如果我真的想做这件事，就必须刻苦学习，抓住每一个机会。如果我坚持不放弃，有一天梦想也许会实现。今天我也要对年轻人这么说……”

㊀ Jane Goodall，英国生物学家、动物行为学家、人类学家和著名动物保护人士，于 2002 年被任命为联合国和平使者。——译者注

当孩子做一件事是因为自己从中感到充实，而不是为了讨好他人（通常是父母）时，他就有了内在的驱动力，也极有可能建立起健康的自我期待。

出于让孩子“有出息”的好意，有些父母对孩子在成绩上的要求太高太多了，以至于孩子根本达不到而且因此疲惫不堪。很多子女成年以后仍然试图满足父母对他们在绩效上的期望，一辈子都在从父母的期望中寻找自己的身份。有时父母的期望与择业有关，一些成年人会从事父母为自己选择的职业。这类孩子会觉得，达不到父母的期望就是失败，所以他们会竭尽全力满足父母的期望。

只有具备自我意识的人才能决定自己的自我期待——他们培养出了内心的罗盘，也相信自己的判断。他们追求的是自己设置的目标。对父母来说，最好的就是，孩子找到了自己的热情所在——无论是一项运动、一门乐器或者是绘画、电影之类的爱好，还是对某个国家或者随便什么东西的强烈兴趣——在这一领域里，他们学会了自己为自己定下目标。

很好的尝试

在遭遇失败时，来自他人的鼓励会是莫大的帮助。这鼓励不一定来自父母，往往还来自祖父母、朋友、邻居或者兄弟姐妹。

我十几岁的时候，也曾在面对失败之际有过豁然开朗的体验。有一年假期，我和一群来自美国的青少年一起打排球。排球从来都不是我的强项，当我们队因为我的失误丢分时，我心里很不好受。然而我很惊讶地发现，没有人抱怨，没有人骂骂咧咧，反而我们队里有一个女生冲我微笑，说："很好的尝试！"

我十分惊喜地接受了这句话：就算我犯了错，我也没有遭人白眼，受人嫌弃？我竟然收获了鼓励和微笑？这是我万万没有想到的。相比于可能使我意志消沉的负面反馈，这句友善的话自然更能让我更加自信、主动，当然也让我更有干劲地继续比赛。我那失误的一击虽然让我方处于劣势，却依然得到了队友的认可，她认为它是"很好的尝试"，这打开了我对失败的新视野。我们眼中的失败也可以被解读为成功之路上的一次尝试。

尝试不是终结，而是发展中的一个阶段。

要让成长和成功跟随失败而至，就不能一遇到挫折便意志消沉、打退堂鼓甚至放弃，而是要咬牙坚持，继续尝试。我能够感受到，是队友们的支持帮助我在遭受失败以后仍然咬牙坚持，并且比较自信和积极地继续比赛——她们友善的态度和鼓励的言辞抑制了我心中不安、羞耻和自卑的情绪。我感到自己不是团队里没用的角色，而是得到尊重、受到欢迎的一员——即便我技不如人。

要是我们可以在孩子遭遇失败时展现出类似于上述故事里的态度，我们就能帮助他们培养一种重要的品格——毅力。如果他们能够意识到，通往成功的路上必然会有很多不成功的尝试，他们就会明白，失败以后还继续努力并非徒劳——这是成功的唯一方法。要是我们教给孩子“摔倒很正常，关键是重新站起来，继续往前走”，他们就会知道，失败没什么大不了的，只是一次不成功的尝试而已。

只有通过不成功的尝试，我们才能知道自己要在哪方面用功才能走得更远。一次失败的尝试以后，如果羞耻、自我怀疑和自卑的情绪过于强烈，我们就无法再“咬牙坚持”。我们可以和孩子聊一聊他的感受，并且告诉他，他眼中的失败在我们眼里只是成长路上的一站而已。如果尝试不成功，也没必要为此深感羞耻：我们可以告诉孩子，即使没有得到想要的结果，付出努力也是好的、值得肯定的，根本不用觉得羞耻。即便是很小的孩子也能懂得，勇于尝试就是值得表扬的，就算没有成功，也比压根就不去尝试要好。

当人们年事已高，回顾自己人生得失之时，往往倾向于后悔自己当初不敢做某事——连试一试都不敢——而不是后悔自己做过某事或者没做成某事。

这里又涉及我们的基本态度了：对我们来说，最重要的是让孩子做“对”，尽量少出错，尽量少地遭遇失败，还是帮助孩子不断尝试，把他们的尝试视作成长的表现呢？

我在名人访谈录《你是什么样的孩子》里，记录了我的访谈对象对待失败的态度。很有意思的是，他们中好些人都说，他们从小就把失败视为激励而不是打击。当被问及童年是否经历过失败时，拳击手维塔利·克里奇科[㊀]是这样回答的：

“是的，我经历过失败。在体育竞技里，我经常达不到自己想要达到的目标。每次失败都是一个信号，要我变得更

㊀ Vitali Klitschko，乌克兰职业拳击手，2014 年当选基辅市长。——译者注

强的信号。每次失败都能给人强大的动力。它们和胜利同等重要，失败的意义不逊于胜利。没有失败就不能变得更强，也就不能获胜。”

（此处建议阅读《我就是喜欢我》故事手册中的小故事《跌倒了站起来，我就是喜欢我》。）

避免冲突激化

许多成年人回忆起自己艰难的童年时，都对自己早年在冲突情境下的绝望、无助和被抛弃感记忆犹新。冲突会让大多数人感到不适，因为它干扰了人对于和谐的基本需求。假如冲突的处理方式还有失公平、有侮辱性或者有攻击性，它甚至会给孩子造成强烈的不安全感和自我价值受损感。

这一条适用于所有情境的育儿原则同样适用于教育孩子如何应对冲突：我们自己以身作则最管用，比任何说出来、写下来的规矩教条都管用。要是我们和孩子讲道理，让他们在产生冲突的时候考虑他人的感受，倾听他人的想法，而我们自己与孩子或者与其他人产生冲突的时候又暴跳如雷，攻击性很强，只顾骂人，根本不会听对方说话，那么我们的行为比我们讲的道理更能影响孩子。

冲突会给很多孩子造成巨大的恐惧，因为他们在冲突中面临着父母要收回对他们的爱的威胁："你不听话，我就不喜欢你了！"这种威胁对孩子的自我价值感破坏力极大。孩子会觉得自己得到的爱不是无条件的，他只有在"乖"的时候才能被爱。面对这种威胁，孩子要么会揣摩并且不断地满足父母的心愿，以此防止父母收回对自己的爱，要么他会愤怒地反抗父母，变得很有攻击性、非常叛逆。上述两种反应模式都来源于非建设性的冲突处理方式。许多孩子把这种破坏性的模式带入了成年，这会妨碍他们建立令人满意的人际关系。破坏性的冲突处理模式会伤害任何一段关系，因为它会导致造成冲突的原因无法得到恰当的处理。因此在这种行为模式下，人很难拥有和谐的人际关系。

如果孩子相信父母的爱，即便发生冲突也不会担心父母会收回对自己的爱，那么他就可能养成建设性的冲突处理方式。其基础是相互的尊重与平等的交往。他想要别人怎么对待自己，自己就要怎么对待别人，只要孩子能够把这条准则牢记于心，那他就能大致把握如何建设性地与他人相处。

需求，是我们行为的发条。我们的行为是为了满足自身的需求，因为当需求得到实现，我们就会感到心情平静而满足。需求一旦没有得到满足，就会产生诸如悲伤、匮乏、愤怒或不满之类的负面情绪。为了满足自己的需求，我们会运用各种各样的策略。然而我们常常根本意识不到隐藏在这些策略背后的需求，正是它们推动着我们的行动。当两人或多人意欲运用策略以满足他们不一致的需求时，他们之间就会因为策略不同、需求不同而产生冲突。我们既可以建设性地化解冲突，也可以破坏性地激化冲突。当冲突双方使用攻击性策略时，冲突就变成了权力的角逐，双方计较的是成败得失、地位高下。这种情况下，冲突中总有一方是输家。

然而还有另外一种可以解决冲突且不会产生输家的可能。让我们以典型的家庭冲突为例来解释这种冲突解决方式。当孩子变得越来越独立，往往会产生关于家庭时间安排的冲突。当孩子还小的时候，父母通常会为他安排一天的日程，但是等孩子进入青春期以后，父母就应该在这方面有所改变，给孩子更多的自主权。这时就可能出现这样的情况，父母坚持星期天全家要一起出门郊游，因为在他们看来，这已经成了理所当然的“家庭传统”，而孩子到了一定的成长阶段就对这种全家出游不感兴趣了。对父母来说，他们首要的需求是和孩子一起共度时光，在该情境下，他们运用了周日郊游这一家庭惯例试图满足自己的需求。周日郊游是策略，和孩子一起共度时光是需求。对孩子来说，他们的首要需求是变得独立，这时朋友间的关系对他们更加重要。他们满足这一需求的策略就是周末约朋友出去玩。父母提议星期天全家一起骑自行车出游，孩子听了，白眼一翻，他们更想和朋友见面。眼下处理这个冲突的方法有几种。

父母可以直接“做主”，搞一言堂。这就是利用自己的权威地位来贯彻自己的策略。可以预见的是，这种处理冲突的方式会产生输家：孩子大概率会觉得自己的需求没有得到满足，在郊游中嘟嘟囔囔、闷闷不乐，这种解决方式势必会让全家人都不痛快。

孩子也可能为了满足自己的需求使用策略，拒绝参加家庭出游。此举肯定会伤害父母的感情，也会给家庭氛围带来负面影响。

要是父母想用平等的态度教育孩子，那么每位家庭成员的不同需求都应被视为同等重要。父母的需求并不排在孩子的需求之前，孩子的需求也并不比父母的需求优先。孩子的需求和父母的不同，也不会被视为“调皮”或“不对”。

孩子压抑自己需求的时候，成年人往往会觉得他很“乖”。这种孩子“事儿不多”，不会让成年人抓狂。几百年以来，人们都在用专制的方式教育孩子。这种教育方式的主要目的是让儿童的需求服从成年人的需求，以此维持集体的秩序。直到很晚以后，儿童才被视为心理上有别于成年人的个体。可是直到 20 世纪，儿童教育依然深受专制主义影响，满足孩子的需求仍然是次要的事。

和其他许多事一样，在此问题上，最关键的是把握好度：要是满足孩子的任何需求，孩子就会被惯坏；要是很少或者从不考虑孩子的需求，孩子就会感到自己缺少关心和爱护，这也是不健康的。在集体中，总是少不了协调各位成员之间的不同需求。这个道理运用到家庭日常生活里，就是找到尽可能照顾到每位家庭成员的需求的解决方法。要做到这一点，每一位家庭成员都应该有表达自己需求的机会。这样在上述例子中，孩子就可以解释说，和朋友一起出去玩对他们来说很重要（对友谊的需求），所以他们周末下午想和朋友去露天游泳馆游泳：“大家星期天都会一起出去玩，肯定很好玩，我也想去。”父母也可以解释，为什么他们会这么看重亲子相处的时间（对亲情的需求）：“这星期我们都没怎么见面。我们想你了，周末想和你待在一起。”另外，父母还可以说，为什么他们这么维护家庭惯例（对组织安排的需求，父母通过建立惯例的策略试图满足这一需求）：“我们想每周都能有一个固定的、不受打扰的家庭聚会时间，所以我们这么看重星期天的家庭出游。”如果每个人都能说出他的需求和愿望，就能营造出家中坦诚的对话氛围，家庭成员之间能够相互敞开心扉。

坦诚为相互理解创造条件，因为我们的需求涉及方方面面。我们之所以能够理解他人的需求，是因为我们自己也有相似的需求，只是我们通常不能理解他人用以满足自身需求的策略。**开诚布公地说出自己的需求和情绪，是一种建设性的、有联结作用的人际交往方式。**与此不同的是排他的谈话方式，在该谈话方式下，人会迅速缩回自己的世界里，并且为了达到自己的目的而不断贬低对方：“好无聊！没兴趣！老是去郊游……”而另一方说：“你怎么这么自私？一点亲情都没有。从来都不愿意为我们花一点点时间。”

等到所有成员都说出了自己的需求以后，就要寻找尽可能考虑到各方需求的解决方法，不说做到完全的一视同仁，至少每个人都得到了多多少少的照顾。父母可以在策略上灵活一点，不必坚持星期天骑车出游的家庭惯例，而是提议改天再全家一起出游。这样孩子就可以在星期天下午和他们的朋友聚会，但之后也会满足父母对亲情的需求。父母放弃了固定的惯例，向渐渐长大的孩子让步，满足了他们对独立性和灵活性的需求。

要知道，我们选用的策略只是诸多解决方法中的一种，总还有其他办法可以满足我们的需求。想要满足我们与孩子亲密相处的需求，还有很多其他可选项，比如一起吃晚饭，一起晨跑，一起煮饭……想要满足孩子和朋友相处以及独立自主的需求，也有多种方式，比如晚上和朋友一起去看电影，放学以后去朋友家里或者邀请朋友来自己家……如果能够意识到自己的需求和所有其他当事人的需求，并且想出尽可能照顾到各方需求的解决方法，就再好不过了。有的情况下，某一方也会自愿放弃自己的需求，因为开诚布公地谈过以后，他认识到了对方的需求在对方的眼里多么重要——就像在上述事例里，父母放弃了周日出游的计划，因为他们意识到自己的孩子有多么需要更大的独立自主的空间，而且父母也想通过这样的方式满足自己受到孩子尊敬的需求。

所以当孩子让我们生气的时候，我们可以进行这样的角色转换，不要把注意力放在我们气恼的情绪上，而要去关注孩子的需求。

一位父亲曾告诉我，每当儿子坐在钢琴前练琴的时候，他自己心里就高兴。他会坐到儿子身边，聆听儿子演奏。和儿子分享这一时刻，是这位父亲此时的需求。他想要与儿子亲近。可是儿子的反应大都很不客气，而且还说，要是爸爸待在房间里，他就不弹了。于是父亲只好气恼地离开了房间。他觉得儿子的话是对自己整个人的抗拒。后来他终于试着去理解儿子，和他开始谈话：

"你弹琴的时候我待在房间里，你就觉得不舒服，是不是？"

"对。"

"能告诉我为什么吗？"

儿子想了想，答道："你在这儿的话，我就觉得自己是在音乐会上表演，就不能放松地随便弹一弹了。"

父亲完全理解了这个简单的回答。他终于接受了，儿子弹琴是因为心情愉悦，想要放松一下，而听众会打扰他的这种心情。现在父亲明白了，儿子抗拒父亲听自己弹钢琴不是因为讨厌父亲这个人，而是出于儿子自身的需求。从那一刻起，父亲就能够把自己的气恼和与儿子亲近的需求往后放一放，尊重儿子对放松和个人空间的需求。

当他人的需求不同于自己的需求时，不要将其视为他人对自己的攻击，而要正视对方的需求，这种态度能够大大缓和人际关系。当孩子感到我们在冲突中也能清晰地交流，秉持包容的、以解决问题为导向的态度，没有表现出排他或试图施行惩罚的倾向时，他们也会更愿意达成和解。**我亲身体验过，谈论各自的需求和情绪有助于互相理解，从而促成由内心驱动的协作——孩子出于理解而参与的协作。**这类协作有利于家庭的和谐。惩罚也能促成协作，但是这种协作基于委曲求全，并不是发自内心的想法。**惩罚会破坏孩子的自我价值，因为它的运行机制是利用父母和孩子之间的权力落差。**我总是建议家长，能够争取到孩子的理解，就不要用惩罚。

讨论不同的需求时，需要注意什么呢？

- **积极地倾听——倾听是桥梁。**在冲突中，我们通常只会单向地发出信息，因为我们当时想的是，一定要证明我是对的，非要按我说的办不可。因此冲突往往就是控制权的角力：谁赢了？听谁的？谁输了？谁不得不屈服？如果我们想要进行平等的交流，就要倾听孩子，认真对待他说的话。这种态度会向孩子释放出信号：我们对他们是认真的，我们真的在考虑他的想法。我们需要尊重孩子，就像我们希望孩子也尊重我们一样。

- **让孩子加入到解决问题的过程中来。**在成年人已经固化的视野里，我们对很多事该怎么办都已经有了一套预先的认知，而孩子往往会提出一些创造性的解决办法，是我们根本想不到的。孩子想到的办法也许违反常规或者比较费事，但只要孩子自己认可这个方法，他就能够遵守与父母定下的协议。
- **用"我怎么样"的句式，是避免陷入条件反射式指责的好办法。**不要说："你怎么老是迟到！"要说："你没有准时来，搞得我好担心。"总体来说，应该多说自己的感受和想法，而不是劈头盖脸地用"你怎么样"的句式数落对方做错了哪些事。不要总想着别人做错了什么，而要关注眼下我感觉如何，我该怎么和别人沟通，这样才能建起通向对方的桥梁。通过表达我的需求和情绪，他人才得以了解我，由此才可能相应地调整他的行为。而指责会降低产生联结的可能性——指责带来的是抗拒、互相排斥和疏远。

- **选择恰当的时机。**人在气头上，绝对不会就事论事地、带着欣赏的眼光进行交流。假如我们或者孩子的情绪过于激动，最好还是等到大家都能心平气和地说话的时候再谈。小时候常常被大人怒吼的成年人，也习惯于在冲突中用同样的方式解决问题。要摆脱这种富有攻击性的交流模式，他们必须自己意识到这一点并且下定决心。

让孩子加入解决问题的过程，可以提升他们的自我效能感。他们会觉得自己能够在自己人生中的各种事件里发挥作用。分享自己的情绪、需求和想法，然后双方一起寻找解决方法，可以使得亲子之间的联结更加紧密。孩子会学到，冲突不一定非要争个输赢，也可以是变得更加亲近的过程。

埃米尔（8 岁）

埃米尔早上一直都很磨蹭，他老想着搭乐高宇宙飞船（他有玩耍和创造的需求），不愿意好好地穿衣服，所以他和父母之间总是吵架。埃米尔的父母威胁他说，要是他早上不能准时出门上学（父母有准时和按照日程表行动的需求），他们就要没收埃米尔的乐高玩具。就在父母真的要使出“撒手锏”，想要拿走埃米尔的乐高积木时，埃米尔提出:“那我晚上就穿着第二天要穿的上衣上床吧，然后把裤子和袜子放在床边，这样我第二天早上很快就可以把衣服穿好了。”之前母亲就提议，让埃米尔头天晚上把第二天要穿的衣服放在床边，但是没能成功。父母同意了埃米尔的想法，现在来看看效果如何：虽然这个办法在成年人看来有点奇怪，但是埃米尔早上穿衣服再没出过问题。埃米尔践行了自己的想法，并且很骄傲自己找到了解决问题的办法。

通过建设性的冲突处理方式，孩子会学到，发生冲突时，人与人之间不一定非要互相贬低、互相伤害。他们还会学到，互相迁就对双方来说是解决问题的最佳方案。当他们能够坚持自己的观点而不必担心父母会收回对自己的爱时，他们就能体会到自己可以在解决问题的过程中发挥作用。这些都有助于健康的自我价值感的形成。

培养共情与协作能力

孩子在成长过程中都会经历不同的阶段，而有的孩子在某个阶段会表现出一些“问题行为”。所谓“问题行为”，指

的是会给孩子自身或他人造成困扰的行为。孩子肯定不喜欢我们为此唠唠叨叨，日夜监视他们。可要是我们对此视而不见，不闻不问，甚至为孩子开脱，同样对孩子没有好处。

严尼斯（8岁）

严尼斯是兄弟两个里的哥哥。他生性活泼，充满热情，还很急躁。这样的性格让他在和同学相处时遇到了不少问题。和同学一起活动时，他总是没有耐心排队等待，聊天时经常打断对方的话，而且精力旺盛到让别的孩子害怕。

他的母亲观察到，严尼斯因为自己的行为方式与朋友屡屡争吵。当母亲和他说起这些事时，他也找不到吵架的原因，只说"都是他们不好"。

严尼斯对待他的弟弟也同样鲁莽，而且弟弟已经开始表现出对他有戒备心了，所以母亲决定要有所行动。当严尼斯在游乐场上或者在家里和朋友玩耍时，母亲会在一旁观察他。等他又和别人吵架了，母亲就和儿子一起复盘吵架时的情境。母亲让严尼斯意识到，自己总是挑最好的玩具玩，而且不会排队等待（比如在游乐场上玩滑索的时候）。她用友善的、没有指责意味的语调问儿子，如果他的朋友这么对他，他只能一直玩最差的玩具，玩什么都只能最后一个玩，他会是什么感受。严尼斯脱口而出："那可太讨厌了！”

于是母亲顺势讲起规则在玩耍中的重要性（轮流玩好玩的玩具，排队等候），还让严尼斯在家里和弟弟一起演练这些规则。母亲富有耐心地用一种有趣且友善的方式让儿子意识到自己的行为会招人讨厌，并且帮助他改善自己的言行。通过引导儿子进行换位思考，母亲让儿子意识到，自己的行为会让他人感到不适。另外，她还给出了清晰的关于“规则”的界定和充满爱意的反馈，以此帮助严尼斯改变自己的行为。严尼斯依然充满热情、精力旺盛，不过在母亲的帮助下，他变得能够更好地控制自己急躁的行为方式，在玩耍中也收获了积极的体验。

上述事例表明了，孩子需要我们帮助他意识到并且改正自己的问题行为。我们都不太喜欢正视自己的弱点，更不要说小孩子了，他们往往既意识不到也理解不了自己的行为是不合适的、不得体的，会让他人厌烦。或者他们察觉到自己肯定有什么地方做得不对，因为自己总是惹人生气，但是他们搞不清楚自己到底是哪里做错了。于是他们就会说类似于“都是他们不好”之类的话，因为他们还没有到有能力分析自身行为的年龄。我们只要观察孩子，并且用成年人的理智分析他的行为，就能给予孩子宝贵的指导。我们可以在孩子的缺点固化为行为模式之前就帮助他改正，避免他因为自己不当的行为模式遭到他人拒绝，进而让自我价值感受到损害。

我们可以这样帮助自己的孩子

- **我们最能听得进去的批评，是用共情的、建设性的方式说出来的。**只有当我们心平气和地面对孩子，既不发火也没有指责他的时候，才能做到这一点。一旦我们察觉到孩子的行为真的让我们特别生气，就应该先冷静下来，等到情绪比较平静，对孩子充满爱意的时候再和孩子说话。
- **反应要有节制**——不要一直追着孩子唠叨，而是要和孩子谈过以后静静地等待并观察一段时间。
- **尽量用具体的、孩子还能记得的情景进行教育。**最好是平心静气地和孩子聊聊最近发生的某一个情景。我们可以指出孩子在这一情景中有问题的行为："你注意到了吗？你当时插队了哦。其实应该是卢卡斯站在你前面的。"要避免泛泛而谈，比如："你老是插队。"
- **论事不论人。**我们要区分孩子的行为和孩子本人——不要说"你真是没救了"，要说"我听到你刚才朝你妹妹大吼大叫，你都把她吓坏了"。

- **就事论事，不要进行人身攻击。**不要说“你太没素质了”，要说“我发现你怎么就不能好好排队等着啊”。
- **越具体越好。**我们要给孩子一些具体的建议，帮助他们改正自己的行为。在上述例子中，母亲给儿子定了一些规矩，告诉他那些行为是好的。
- **坚持不懈。**我们的方式要温柔，态度要坚定，这是成功的关键。我们要坚持给孩子反馈：注意到孩子的努力时，要给出积极的反馈；发现孩子犯错时，要进行纠正。我们通常把注意力放在孩子的问题行为上，而忽略了表扬孩子的良好表现。让孩子知道，他们改变自身行为的努力也被我们看在眼里，同样十分重要：“我看到了，你今天一直都在乖乖排队！”
- **幽默也大有好处。**我们可以和孩子一起想象出一个代表不良行为的虚拟形象：比如一头喷火龙或者一个脾气暴躁的小矮人。这些虚拟形象没有侮辱的意味，你们说起它时还带有几分亲昵。你可以和孩子一起构想出一个形象，然后问孩子：“急躁爱插队的喷火龙又开始行动啦？”或者：“你的暴脾气小矮人又开始推搡你啦？”孩子听了通常都会发笑。这个方法能够帮助他们从情景中抽离出来，审视然后纠正自己的行为。

万事都有两面性：在问题行为中通常也能发现一些积极的因素。在上述例子中，严尼斯急躁的行为给他在与其他孩子的玩耍中带来了困扰。然而他的急躁同时也意味着，这个孩子精力十分充沛，其个性也富有活力。所以总体看来，严尼斯是一个精力旺盛、性格开朗、充满热情的男孩。

我们可以向这样的孩子解释，他旺盛的精力有时候会让他人感到不适，所以要学会控制自己，不要让自己充沛的能量对他人造成困扰。我们还可以告诉他，精力充沛也是一件好事，比如，严尼斯总是能够精神昂扬、兴致勃勃地接纳新环境，他活泼的个性也很招人喜爱，能够激励鼓舞他人。这样孩子也许会懂得，我们不是要指出他的“错”，而是要帮助他调整自己个性里的独特之处，好让他与其他小朋友能够更融洽地相处。当孩子感受到我们对他的包容和爱意，他也能用包容的眼光审视自己的独特之处，而不会进行自我贬低。这样他才有可能把自己的独特之处视为其人格中可爱的一部分，并予以接纳。

孩子与问题行为做斗争时，尤其依赖我们目光中的温柔、态度里的爱意。借着这份温柔和爱意，他们才不会产生“我错了，我身上有哪里不对劲”的想法，而是会想“我既有优点也有缺点，我本来的样子就值得被爱”。

当问题行为已经固化为行为模式的时候，我们不给孩子贴上各种诸如“胆小”“有攻击性”“冲动”“完美主义”的标签，就是对他们极大的帮助。不要一概而论：“她就是个胆小鬼，拿她没办法”“他就是这么个野孩子，教了也没用”……即便孩子禀赋中的某种性格特征比较突出，他的人格也还在成长过程中，需要我们的帮助，以避免某种妨碍成长的行为模式变得根深蒂固。

比如你的儿子因为害怕失败，所以总是拒绝去做你或者其他人给他分派的有挑战性的事情。又比如你的女儿经常和别的小朋友吵架，以至于小朋友都不愿意和她一起玩了，她因此非常难过。在上述例子中，孩子的问题行为已经固化为某种给他带来困扰的行为模式。这是孩子单凭自己的力量无法摆脱的。

在这种情况下，如果我们能够发扬孩子身上与该问题行为模式相反的品质，就能够帮到孩子——正如自然界一样，行为也有两极。当我们发现孩子有完美主义倾向时，父母往往不会多想就表扬孩子力求完美的态度，从而强化了该行为。然而完美主义可能迅速发展为对孩子不利的性格特点，所以这时父母应该做的是帮孩子发掘淡定和自信的性格特质。假如孩子有些胆小，我们就要试着激发他的勇气和探险欲。要是孩子平时比较急躁，我们就要花时间培养孩子的耐心。

比起用负面反馈督促孩子改正不良的行为模式，还不如鼓励孩子养成良好的行为模式。

不要说：“别这么胆小好不好？”

要说：“试一试自己走到这条路的转角，我站在这里等你，你到了就朝我挥挥手。”

不要说：“别这么不耐烦，写作业别这么马虎。”

要说：“我们花个十分钟，一起读一下这个自然段吧。”

不要说：“不要再完美主义了，不用这么吹毛求疵的！”

要说：“用不着再检查一遍了。你要相信自己，你已经做得够好了。咱们还是去散步吧。”

为了避免某一种行为模式固化，我们要为孩子提供尽可能具体的替代选项，以此对冲不良行为模式对孩子的影响。同时我们还可以向孩子解释，这个替代选项有什么好处。如果你的儿子胆子小，你可以告诉他，很多小朋友都有胆小的阶段，从某种意义上来说，胆小也是“正常情况”。不过给胆小的小朋友设置一些小挑战，一步步地引导他们认识到自己可以做到的事情比想象中要多，对他们很有好处。假如你的女儿有完美主义倾向，你可以对她说，想要追求好成绩、做事刻苦努力固然很好，可是追求完美也得有个限度，一旦过度，就会耗费过多的精力。所以信心和安全感也是需要练习的重要品格，我们也要学会在某个时间点放下手头的任务，说一声“现在这样就已经很好了”。

孩子通常需要我们的帮助和解释，才能明白其中的关联，才能意识到自己的行为模式，才能发现这些行为模式对自己不利。在我们的支持下，他们会越来越有信心，相信自己可以战胜不良的行为模式。

在这里我要再次强调，我们讨论的不是改变孩子的个性，而是在孩子的成长过程中尽可能给予他们最有力的支持。最后，向孩子传达这样的信息——“这样的行为会让你的人生变得艰难，我可以帮助你改变它，让你在今后的人生中轻松一些”——有助于孩子形成自我接纳的态度。要让孩子坚信：父母爱他本来的样子。

“我爱你本来的样子”，从父母口中切切实实地听见这一句话，对孩子来说至关重要，因为这句话能给予孩子一种基本的安全感。

避免孩子发脾气的妙方——多解释，少指示

把孩子视为拥有独立人格的个体，平等地对待他，是培养良好自我价值感的基础。不过，在与孩子的相处中，这一点到底指的是什么呢？它意味着，我们把孩子当成与我们有同样尊严的人对待。孩子虽然年幼，他们的大脑和身体尚未发育成熟，但他们和成年人一样有尊严。我们不应该拔高孩子的地位，也不应该把小小年纪的他们还不能够也不应该承担的责任压在他们肩上。平等地对待孩子，指的是根据孩子的年龄用恰当的方式认真对待他们，并且去了解他们。

如前几章中所说，平等对待孩子，意味着在可能的情况下放手让孩子做一些在他的年龄内能做的决定；它意味着我

们对孩子的需求和观点感兴趣，并且表达出我们对它们的欣赏；它还意味着，当我们做出与孩子以及孩子的日常有关的决定时，用孩子能够理解的方式向他解释，我们为什么会做出这样的决定。

孩子心里往往会生出抗拒、害怕或愤怒的情绪，只因为他们根本理解不了我们做的决定。他们往往意识不到，自己会有这些情绪是因为缺乏理解力，因此他们也无法用语言表达自己的情绪。所以当要对我们做的决定给出反馈时，他们能做的只有发脾气。而面对孩子的情绪，父母也往往不知所措，不理解孩子为什么要这样。很多激烈冲突就这样看似平白无故地发生了。

平等对待孩子，还意味着，我们要用孩子的理解力去看待世界，向他们解释那些在我们看来理所当然的事情。这样我们就能避免很多哭闹。

碧杨卡（28 岁），克拉斯（3 岁）的母亲

在儿科医生那里做了体检以后，碧杨卡得知，她儿子克拉斯的 BMI 指数[1]过高。也就是说，她的儿子相对于其身高而言体

[1] 身体质量指数，是由一个人的体重除以其身高的平方得出的数值，常被用来判定体重的健康状态。——译者注

重超重了。医生建议她调整儿子的饮食结构，于是碧杨卡决定让儿子吃得更加健康，要给他吃更多的水果和蔬菜，减少高碳水化合物食物与甜食的摄入。她首先清空了厨房的抽屉。以前克拉斯可以随便从这些抽屉里拿甜食吃。所以当克拉斯看到空荡荡的抽屉时，他的反应是愤怒的吼叫。这时碧杨卡试着安抚儿子，把他搂在怀里，告诉他，少吃点甜食也没关系，爸爸妈妈从今以后也会少吃甜食的。而克拉斯还是不停地大吼大叫，于是母亲又“破例”允许他延长晚上的“电视时间”。她转移了儿子的注意力，克拉斯逐渐平静下来。可是碧杨卡始终没有向儿子解释，她为什么清空了抽屉。

我承认，突然不许一个三岁的孩子随意吃甜食，还要向他解释健康饮食之类的原因，的确相当困难。即便母亲解释了，克拉斯肯定还是会发脾气。可是如果母亲用儿子这个年龄能够理解的方式向他解释了健康饮食的好处和不健康饮食的坏处，克拉斯接受新食谱时一定会更有动力。

碧杨卡还可以在改变饮食结构的大前提下给儿子几个做选择的机会，留给他一点掌控感，避免让他产生被剥夺的感觉。比如她可以对儿子说，以后他可以在一天中某个固定的时间点吃甜食，他可以选择吃布丁还是喝酸奶，而且他还可以自由选择吃哪一种水果当零食。这样的话，克拉斯一定会更愿意配合，因为他拥有了一定的决定权。如果得不到任何解释，他就会把空空的抽屉视为一种惩罚，这也是可以理解的，于是他就会做出相应的反应。

碧杨卡说，自己当时害怕儿子的反应，根本没想到要向他解释一下自己的决定。她意识到她把自己儿时接受的教育转加到了儿子身上：她是在父母的"指示"下长大的，所以她也这么教育自己的儿子。

父母通常会害怕和孩子讨论孩子不爱听的话题。父母会缩短对话，不多解释，直接给出指示，然后试图以转移孩子注意力的方式平息孩子在情绪上的反应，比如失望、愤怒或悲伤等。

这种"缩短对话"的方式往往能在短期内获得孩子的顺从，但并不能让孩子发自内心地配合。如果做决定时忽略孩子的感受，孩子会被迫顺从，而不是因为他由衷地认同这项决定。即便利用孩子喜欢的东西把他的注意力从令他感到不适的结果上转移开，孩子会暂时显得顺从，但这时孩子的配合也并非来源于内心的认同。解释以及随之而来的争论，当时会耗费父母更多的脑力、体力、耐心、同理心和时间，看似是绕了远路，实际上却是让孩子在理解的基础上予以配合的一条近路。相比于因为父母的权威而选择服从，或者因为在父母的操纵下注意力被转移而表现得配合，孩子的理解是更加稳固的合作之根基。

最要紧的是，缺乏内在动力的顺从不会增强孩子的自我价值感——一个处处遵照自己所不理解的“指示”的孩子，没有遵循自己的意志行动，他感受不到自己对自身行动的控制力，他去做某件事只是因为他不得不做。而一个听了父母的建议，在其理解力所及的程度内理解了自己为什么要做某事的孩子，有可能由此认识到自己的行动力。他会懂得，这件事为什么要这么做，而且会在行动中加入自己的理解和意志。他会感觉到可以掌控自己有意识的行为，它与完全因为服从而做出的行为截然不同。所谓把孩子当成严肃的谈话对象，就是会向孩子解释，为什么一定要如此这般地做某件事。

以平等的态度与孩子交谈，并且激发他的思考，都能够培养孩子的自我价值感。要求孩子必须听从既没有解释也没有商讨余地的指示，只会增强孩子驯服程度和适应能力，对培养孩子的反思能力、理解能力与合作精神则效果甚微。

在这里我要澄清一下——在繁忙的日常生活中，我们当然不可能在每件事上都向孩子解释一下为什么要这么做。不过，平日里有待决定的种种事项里，既有琐碎小事，也有比较重要的大事，如果能在大事上以平等的姿态、用孩子听得懂的方式向他解释，一定会让孩子对自我的了解更上一层楼，而且这样的态度对提升亲子关系的质量也会有很大的帮助。

孩子是愿意配合的，
只是我们要给他们配合的机会。

家长通常会反驳说，他们没那么多时间和孩子解释。不过我自己以及很多其他家长的经验是，那些耗费在向孩子解释或者和他们争论上的时间，会在其他时刻得到“补偿”。要是孩子理解了为什么要他去做这样那样的事，而且他对此也表示认同，那么之后父母往往可以省下因为孩子不理解或者不乐意而产生的纠缠对峙的时间。我还记得，有时候我会着急忙慌地给我的孩子们下一些不容置喙的指示，他们的反应很抵触。当我反思自己，从当时的情境里抽身出来反观全局时，就意识到了：显然，他们这么抵触是因为他们觉得很烦。要是有人这么和我说话，我的反应也不会很积极。而每当我能够沉住气，选择向孩子们解释这一条“远路”时，局面就会缓和许多。

如何应对情感伤害

应对情感伤害是一个十分重要的话题，应该在中小学课堂上进行深入的探讨，因为情感伤害在人际交往中具有生死攸关的重大意义。我们每一个人都会遭受情感伤害，也都会伤害他人。这是无可避免的，根植于人性之中。如果对情感伤害处理不当，会加剧创伤，激化冲突。而对情感伤害的不当处理却是可以避免的。

我认为许多成年人从来都没有学会如何恰当地——在理想状况下也是有效地——应对情感伤害。我自己也一直在努力，希望能够恰当地应对我所感受到的情感伤害。在这里我特意强调“我所感受到的”，因为很多我们觉得是情感伤害的事，其实是对方的无心之举。对情感伤害的不当处理通常会导致难以计数的人际冲突产生。如果父母能够帮助孩子学会恰当地应对情感伤害，那对孩子真是功德无量。

有的孩子生性相对刚强，比其他孩子更能化解情感伤害。有的孩子性格则较为敏感，应对情感伤害对他们来说更加艰难。有的孩子比其他孩子更不容易感受到情感伤害，其中原因各有不同——天赋、良好的自我价值感和教育等因素都会产生影响。有的孩子会因为一些他人眼中的小事而要死要活，有的孩子则不那么容易情绪失控。不自信的人尤其容易受到情感伤害。如果一个人觉得自己不值得被爱、没有价值，觉得自己不“对”，那么他也会常常揣想，别人在用同样贬低的眼光看自己。

受到情感伤害的人一般不会做出建设性的反应。他会：

- 提高音量。
- 有攻击性。
- 抗拒。
- 指责。
- 使用冷暴力。
- 悲伤然后回避。

有的反应响动很大，可能会攻击他人，而有的反应比较内敛，表现为忽视或收回爱意。我们往往会从父母那里继承面对情感伤害的反应机制——而且是不自觉地。在这些机制下做出的反应不会让我们有自我效能感，反而是无助的表现。

我们受到情感伤害以后做出的反应让对方很难体恤我们，因为当一个人的反应是大吵大闹、回避或者执拗时，对方通常也会回避或者批评这些不恰当的反应。于是受到情感伤害的一方更加认定了，对方不重视自己，而自己的自我价值感由此被削弱。由于关系中的一方感受到情感伤害而产生的冲突并没有得到解决，反而激化了。

那么应该如何恰当且有效地应对情感伤害呢？实话实说，人在受到情感伤害时几乎不可能做出“理想的”反应——因为情感伤害意味着，我们的情绪受到了伤害，因此变得脆弱且不稳定，所以我们极有可能无法自控，难以轻松地做出回应。

为了弄清楚状况，我们应该去面对自己在受到情感伤害时通常会避之不及的东西——我们的情绪。

当受到情感伤害时，这么做会有帮助：

- 重视自己的情绪。
- 辨认自己的情绪。
- 说出自己的情绪。

只有当我们重视自己的情绪时，才能辨认它，才能把它说出来：

- **对我自己：**只要我觉察到了使我失控的、让我感到不适的情绪，我才有可能化解它。可以问自己：哪种情绪让我产生受到伤害的感觉？是悲伤，是愤怒，是不安，还是低价值感？我为什么会有受到伤害的感觉？这些情绪都会让人不适。只要我通过分析能够明白，为什么我心里会出现这些令人不适的情绪，我就不至于无计可施。找出潜藏在负面情绪背后的需求尤其有用，它会把我们的心力转向自己，而不是朝向那个触发我们受伤害感的人。受到情感伤害以后一种典型的思维模式就是把思绪集中在带来伤害的那个人的错误和对他的贬低上："都是我朋友不好，都到最后关头了她也不帮我一把，明明答应了帮我写作业，现在竟然不干了。"更有效的方法是，把非暴力沟通法用在与自己的内心对话上——先描述客观状况，然后说出自己的情绪与需求，最后表达对他人的请求：“我的朋友对我爽约了。我很失望，因为我的需求是得到帮助、友谊和信赖感。我要告诉我的朋友，以后她得信守自己的承诺。”对孩子来说，进行这样的反思太难了，因为需求是一种抽象事物，难以进行概括。不过我们可以用提问的方式引导他们思考，究竟发生了什么事情（用客观的观察代替暴怒的指责），他们有什么感受（情绪），怎么样才能让他们的心情变好（需求），他们希望对方做什么（请求）。如果我们可以引导孩子按照上述方式在受到情感伤害时进行反思，那么他们就会稍微抽离出来，不至于被情绪压倒，而是能够有效地应对令他们感到不适的状况。引导孩子，需要很多练习和耐心。家长可以在厨房的墙上挂一张罗列出各种需求的表格，以熟悉自己和孩子常见的需求，进而帮助孩子在他受到情感伤害时认清自己的需求。

- **对他人：**当我能够和他人交流自己的观察、情绪、需求和请求时，我就具备了建立联结的能力。我可以解释自己的想法和自己受到伤害的感觉，从而搭建起一座通向对方的桥梁。当我袒露心迹时，就是在创造共同寻找治愈方法的机会。在无助的反应机制下做出攻击型或回避型的反应，都不叫袒露心迹。我不是在谈论自己受伤的感觉，而是在攻击他人——要么咄咄逼人，不断指责；要么采取回避态

> 度，使用冷暴力。要想在这样的反应机制下共同找到解决方法，根本就是不可能的事。假如我重视自己的情绪，辨认出了自己的情绪，并且将它表达出来，我就是在用“我怎么样”的句式交流。我说的是我怎么样，我需要什么。当我袒露自己的心迹，就给了他人体恤我、治愈我的机会。而当我攻击他人，我就会发出很多充满指责意味的“你怎么样”的句子，它们往往会导致冲突在相互指责之中逐渐升级。说出自己的感受需要信任对方，相信他会小心地、建设性地对待我的坦白。无法谈论自己情绪的人往往对对方没有足够的信任。这类人的情绪通常在童年时没有得到体恤和治愈。所以为了保护自己免受伤害与失望，他们学会了自我封闭。

假如你发现自己的孩子很容易受到情感伤害，也就是说，他常常失去自我控制——大哭、大叫、暴怒或者自我封闭——那么请小心地探查他受到情感伤害的原因。

孩子通常只能注意到自己心里有排山倒海的不良情绪——然而他们大多数时候都不理解自己到底怎么了。他们只能感受到情感伤害带来的不良情绪，比如愤怒、羞耻或者悲伤。可是他们无法把这些情绪和感受到的情感伤害说出来，也不能把它们进行归类。他们只会用行为表达自己的情绪。对于一个四岁的小男孩来说，他很难意识到也说不出来，他恼怒地在地上滚来滚去是因为他忌妒自己刚出生的小妹妹；一个十岁的小女孩也很难意识到并且用语言解释，她生气是因为爸爸对姐姐的照片的夸奖多于对她的。我们成年人往往只会注意到孩子情绪化的行为，殊不知它们是孩子用来表达他们眼下说不出来的情绪的方式。于是父母大多都会管教孩子的暴怒、任性、倔强或者攻击——会去处理那些自己眼中的不良行为，想让孩子停止这些行为。对暴怒的、任性的、倔强的或者攻击性强的孩子，我们又是安抚又是劝说，希望他的行为能重回正常。或许我们会告诉孩子，如果他不能安静下来，会有什么后果。又或者我们还会向孩子许诺，只要他表现好了，就给他什么奖励。只要孩子重归平静，我们常常就不会再多想导致他的不良行为的原因。

上述教育方式可以让孩子认识到哪些行为是社会认可的，然而它们无法让孩子学会辨认自己受到情感伤害的原因，也不能让他学会如何应对情感伤害。当孩子表现得富有攻击性、任性或者气恼的时候，我们可以试着帮助孩子找出并理解自己如此表现的原因。不要对孩子说，他现在做得不对，要他乖乖的。这时我们可以温柔地对待孩子，询问他，是什么伤害了他，让他一定要这么大喊大叫 / 生气 / 有敌意。“一定要”这个表达用在这里十分准确——因为孩子面对情感伤害时太无助了，他们被自己的负面情绪压倒，所以根本不知道还有其他的反应方式。不过我们可以帮助他们建立其他的反应机制。

最关键的是——在孩子的行为让我们愤怒的时刻，要做到这一点可是一大挑战——询问孩子这么做的原因的时候不要用指责的口吻，要带着真诚而充满爱意的关切。

孩子在受到情感伤害时只会感到
孤独、无助和不被理解。

当我们能够与孩子建立充满爱意的联结时，就能够帮助他辨认并说出自己的情绪，这也是在帮助他逃离“情感伤害的监狱”。仅凭自己的能力，孩子很难逃出这座“监狱”。

当孩子的情绪过于激烈的时候，我们得给孩子一些时间，让他冷静下来。过一会儿，等孩子恢复一些理智以后，我们再提起有关刚才的冲突的话题，这时候大多数成年人和孩子就会愿意说话了。对沉重的话题避而不谈，这也是人之常情——我们都会试图避免令自己感到不适的体验。可是这种策略只能维持短暂的和谐，而且不能教会孩子有效地应对情感伤害，因此有必要在善意的对话中回顾冲突——挑一个所有觉得自己受到伤害的人都恢复松弛和平静的时候。晚上哄孩子睡觉的时候是一个好时机，这时我们可以与孩子一起回顾这一天中发生的事情。

一旦孩子学会了辨认自己受到情感伤害时产生的不良情绪，以及触发这些情绪的导火索，他们就能学会分享，而不是在无助的反应机制推动下做出反应，导致局面愈演愈烈，自己的情绪也越来越差。

蕾娅（34 岁），妮娜（2 岁）和亨利（5 岁）的妈妈

蕾娅和妮娜正在一起玩小宝宝玩的拼图游戏。她们玩得很开心。每一次放上一块拼图，妮娜都会高兴得欢呼起来。这时蕾娅都会夸奖她，和她一起高兴。亨利和她们在同一个房间里，正在玩玩具车。他突然把玩具车扔得到处都是。蕾娅的反应是发火，她要求亨利停止这种行为。亨利愤怒地跺脚，然后摔门离开了房

间。母亲火冒三丈地追了出去，生气地对儿子说，晚饭之前都不许他走出自己的房门。过了一会儿，到了吃晚饭的时间，蕾娅叫亨利下来吃晚饭。他高高兴兴、和和气气地来了，母亲也重新变得温和慈爱。家里重归和谐安宁，大家都松了一口气。后来没人再提起之前的冲突。

通过母亲的反应和在房间里关禁闭的惩罚，亨利肯定学到了，他不可以随地乱扔玩具车，也不能摔门。可是他还是说不出自己为什么会生气，也无法告诉母亲自己发脾气的原因，所以假如日后他心里再次产生类似的情绪，他还是没有有效的应对机制。也许他不会做出今天这样的攻击性反应，因为他不想再被单独关在自己的房间里了。也许他会转而做出悲伤的或者回避的反应，这类反应不会弄出声响或者弄坏东西。他没有学到能够帮助他建设性地应对情感伤害的行为。

假如母亲当时能够透过儿子的不良行为看出他心里的难过，在他发脾气的时候也能温柔地对待他，她就可能与儿子进行关于他的情绪的如下对话：

蕾娅:“宝贝，你怎么啦？你好像很生气啊。”

亨利:“就是，我就是很生气！你从来都不跟我一起玩，只会跟妮娜一起玩。”

蕾娅:“你觉得自己受冷落了。你也想我只陪你玩，是不是？”

亨利:“对，我想。”

蕾娅:“那你想玩什么？”

亨利:“玩警察游戏。”

蕾娅:“好。那我拼好了拼图就来和你玩警察游戏。”

亨利:“太好了。”

蕾娅:“不过下回你生气的时候要过来跟我说，你为什么生气了，可以吗？可不能把小汽车这么扔来扔去，你会伤着别人的。而且你说了我也能明白你为什么生气。”

亨利:“好的，妈妈。”

孩子尚不能归纳出促使自身产生某种情绪（忌妒、悲伤）的导火索（妈妈没有单独陪我玩），所以和孩子谈论他们的情绪可以帮到他们，因为这能让他们认识到，究竟是什么没有得到满足的需求（和妈妈亲密相处）导致了该情绪产生。接下来孩子就能够表达自己的愿望（我也想单独和妈妈一起玩），找到解决方法（妈妈单独和我一起玩警察游戏），从而使自己的需求得到满足，也改变了自己的情绪（我高兴了）。

孩子要是有了通过谈话改善处境、
把自己从不良情绪中解放出来的经历，
他就会体会到自我效能感。

然而这不是孩子受到情感伤害以后自然而然会做出的反应。在没有外界帮助的情况下，孩子自然而然的反应是做出一些情绪化的行为。在孩子受到情感伤害以后，父母大多数时候只会把注意力放在管教他做出的不良行为上。我们这么做是为了教育孩子养成符合社会常规的行为习惯。可是我们很少深究触发这些不良行为的原因。如果孩子在和我们以往的交谈中获得了良好的体验，相信我们可以与他们共情，那么他遭遇情感伤害时才有可能向我们寻求帮助。

孩子只要学会了不要把思绪固着在受到伤害的感觉上，而是要把自己从束缚人的“受伤的牢笼”里解放出来，他就不会再被困在“受害者之位”，而是会成为积极改善境况的主人翁。孩子需要在成年人的引导下，才能走出情感伤害，得到治愈。

09 第九章

来自父母的爱——为孩子打开自爱的大门

Elternliebe: Der Schatz, Der Unseren Kindern Das Tor Zur Selbstliebe Öffnet

缺少自爱的人会试图用各种方式进行补偿：他们想用他人的爱来填补因为自爱匮乏而产生的空洞，而且期待着从他人手中获得自己通往幸福的钥匙。还有人想用名望、财富、毒品或者其他令人成瘾的事物来填补虚空。

然而对其他外物的依赖和替代性的满足永远都取代不了自爱。正如这个词语的字面意思所言：自爱，意味着自己爱自己——爱自己本来的模样。我们不可能把自我接纳、自爱，以及随之而来的自我价值感和自己的幸福托付给他人。即便他人希望为我们代劳，他们也无法插手。自爱只能由我们自己培养和实现。不过要帮助孩子建立自爱和健康的自我价值感的基础，父母可以做很多事情。

在本书的最后一章中，我想要探讨一下可以呈现出千张面孔的父母之爱——它是全世界所有孩子的仙丹妙药。

我爱你本来的样子

从父母充满爱意的目光和行为里，孩子会体会到，自己是值得被爱的。要培养孩子良好的自我价值感，就必须让他们坚信自己得到了父母的爱——而且必须是无条件的爱。当父母以各种方式告诉孩子，“我们就爱这样的你。你太好了，有你做我们的孩子，我们很高兴”时，没有什么比这更能够给予孩子力量了。

这种积极而温暖的爱的力量会让孩子有受到庇护的感觉，使得他们情绪稳定，从而促进孩子茁壮成长。父母可以在各个层面上表达这种普遍的感情。

依偎带来抚慰

每个人对身体接触的需求各不相同。有些人喜欢身体接触。他们喜欢触碰、拥抱和亲吻他人，与身边人的身体距离感比较小。反过来，他们自己也渴望身体接触。而另一类人自称有着“北欧式的疏离感”。他们喜欢和身边人保持一定的身体距离。比起拥抱和亲吻，他们更喜欢握手，而且会避免与他人身体距离太近或者有身体接触。

总的来说，每个人都有与自己最亲密、最信任的人进行身体接触的需求，虽然这种需求的强度各有不同。亲子之间的身体接触能让孩子感到温暖并且觉得受到庇护。拥抱、依偎、抚摸或者亲吻脸颊都能释放给孩子“爸爸妈妈想和你亲密相处”的信号，从而建立起亲子之间的联结。身体上的亲近通过触觉让孩子体验到父母的爱。当孩子体验过爸爸妈妈很喜欢拥抱、依偎和亲吻自己时，他就会直观地感受到，自己是值得被爱的。这种体验能够唤起他自己被接纳的感觉，令人愉悦。

关系亲密的人之间的身体接触会促进一种名叫“催产素”的荷尔蒙分泌。它使得我们在身体接触时感到愉悦。在产妇生产的过程中，催产素有镇痛和催奶的效果。它还被称为“联结的荷尔蒙”，因为它推动了母婴之间产生紧密的情感联结。

依偎不仅让人感到舒适，还有利于健康。催产素不仅能令人产生愉悦的感觉，还有助于消解压力。催产素能限制产生压力的荷尔蒙皮质醇分泌，因此有助于放松心情。

安努克（8岁）

每一次爸爸紧紧抱着我，紧得都快把我给挤变形的时候，我就知道，他喜欢我喜欢得不得了。

千万不要强迫自己去拥抱或者亲吻孩子，因为只有发自内心的肢体动作才能传导爱意。喜欢就是喜欢，不喜欢就是不喜欢，正是我们的好恶让我们成为自己。假如你属于倾向于和他人保持身体距离的那类父母，那么做一些幅度较小的动作——比如碰碰孩子的手，抚摸一下孩子的头——对你来说可能更容易做到一些。你同样可以通过这些细小的动作在身体接触方面表达对孩子的爱意。要是你意识到自己很难用肢体动作传递柔情，那么你可以试着在其他方面更明显地表现出对孩子的爱。

还有，千万不要强迫孩子接受你的拥抱和亲吻。有的小孩——甚至是年龄很小的小宝宝——已经想要和他人保持身体距离了，成年人一定要在这一点上尊重孩子。

说出爱，让生活更美好

爱有无穷无尽的言说方式。人在这方面的想象力没有边界。就像每一对爱侣都有专属于两人之间的语言一样，每段亲子关系中也有用语言表达爱意的独特方式。

“有你做我的孩子，我好幸福呀！”

“你是上天给我的礼物。”

“你是我的阳光 / 我的掌上明珠 / 我的宝贝……”

亲子关系之间的爱意表白也如同情侣之间的表白一样，都能够产生被接纳感、亲密感和归属感。如果父母能够对孩子明明白白说出他们的爱，孩子就会感受到自己与父母之间的亲密和联结，促使孩子产生情绪上的安全感。

不过不是每位父母都会对孩子说出自己心中的爱。其中的原因多种多样：有的父母在自身的成长过程中很少得到来自自己父母的爱意表白，潜移默化中继承了这种交流习惯；有的父母本来就比较木讷，不善于表达自己的情感；还有的父母认为，要是过于频繁地对孩子说他们有多爱他，会把孩子“惯坏”。

在这里我要斩钉截铁地说：**对孩子来说，再没有比感受到父母的爱更能给予他们力量的事情了。**

父母的爱怎么都不嫌多。

所谓“惯坏”孩子，指的是父母满足孩子的任何愿望，不给他们划定边界，没有教会他们关心他人的需求。可是父母把自己的爱说给孩子听，永永远远都不会“惯坏”孩子。

倒是如果父母从不表达他们的爱，孩子会变得缺乏安全感。

安德雷娅（49 岁）

我小时候经常对我母亲说，她是世界上最可爱、最好的妈妈，我也经常对我父亲说，他是世界上最可爱、最好的爸爸。他们大多数时候都会看着我微笑，一句话也不说。然后我会问他们：“你们爱我吗？”他们就会承认。我记不得他们有没有主动说过他们爱我了。我那时候特别渴望听他们主动说，他们爱我。

后来我的丈夫在情感表达方面也和我的父母很相似——我也习惯了问他：“你爱我吗？”然后他说爱我，可是他很少主动说爱我。

对我的孩子，我每天都要说好多好多次“我爱你”。现在他们都长大了。虽然他们都已经离开了家，但我们之间的联系依然很紧密，他们经常发信息告诉我或者聊天的时候对我说，他们爱我。这让我非常开心，我也希望以后他们的人生伴侣也能回应他们的爱。爱是人生中最美好的情感，如果感觉到了爱，就应该表达出来。

从自己的经验中我们也能知道，把爱说出来能带来怎样的快乐和力量，它是生命的必需品。收获了“爱的表白”的一天——不管是来自我们的伴侣、父母、朋友或是子女——总是充满了积极的能量。爱是给我们充电的电池，它推动我们乐观向前；爱又是一枚盾牌，为与艰难险阻搏斗的我们提供庇护。反过来看，每个人都明白，如果迟迟等不到父母或伴侣发出爱的信号，人会多么沮丧和不安。

要是目前为止你都属于那一类不怎么会把爱说出来的父母——不管出于何种原因——千万不要丧气！爱的表白一定要发自内心，不能强求，否则就失去了效力。如果你是出于习惯或者情感比较内敛所以很少表达自己的爱意，那么可以尝试一下改变自己的行为。要是你在表达爱意上真的有障碍，请想一想孩子没有感到你的爱时会有多不安。或者换一种说法，要是你能够把自己的爱表达出来，你的孩子会获得多大的安全感和力量。

我们给孩子吃营养丰富的食物和维生素，
是为了保护他们的身体不受疾病侵袭。
如果可以把爱做成给孩子吃的药片，
那么孩子吃多少都不会吃坏肚子，
医生开多大的剂量都不为过。

用昵称制造独特感

用语言表达爱意的方式之一是取昵称。父母或者兄弟姐妹之间往往会互相给对方取昵称，以此表达自己的爱意与亲近之情。这些昵称在孩子长大以后一般依然会跟随他们，体现着他们和命名者之间的特殊关系。

昵称的对立面是取笑孩子的诨名。不要给孩子取有讽刺意味的诨名，因为它们会让孩子觉得自己在情感上遭到孤立。习惯于讽刺孩子的成年人有时低估了此举给孩子造成的伤害。缺乏尊重的名称暗藏对孩子的贬低，它会损害孩子的自我价值感和亲子关系。

用眼神注入勇气

眼神是一种强有力的交流方式。不必说一句话，不必触碰孩子，我们用眼神就可以表达千言万语。我们的眼神可以说：“别闹了！”也可以说：“你是认真的吗？”还可以说：“你太棒了，我爱你胜过爱世上的一切。”当我们的眼神要传达爱意时，它是真挚的、温暖的、柔情的，久久停留在孩子身上。这时我们的面部线条也是放松的、柔软的、和善的。

我们的眼神既可以阻碍孩子，让孩子畏缩不前，也可以激励孩子，使孩子如虎添翼。

当幼小的孩子犹豫不定或者面临困难时，
他们会根据父母的眼神行动。

不必借助言辞或肢体接触，单是一个充满爱意的眼神就可以给孩子安全感，可以让他们振作起来。疫情期间，我们不得不在公共场合佩戴口罩，这让我们对他人的眼神更加敏感。人人戴着口罩时，眼睛往往成了唯一能够分辨的五官。我惊讶地发现，即便戴着口罩，人们也能轻松辨别他人的眼神。如果学会了忽略口罩的遮挡，眼睛就是与他人建立联结的节点——戴口罩的时候，我们只能通过眼睛看出对方在微笑。即便戴着口罩，眼神也依旧可以温柔而暖心。

我在报纸里读到，一位列车乘务员说，疫情暴发一年多以后，她已经习惯了戴口罩，也学会了用眼睛微笑。多美啊！

用安慰赋予力量

困境中亲爱之人给我们的安慰，意味着爱、安全感和情感上的避风港。当我们状态低迷、受到伤害、遭遇攻击时，我们会觉得自己被全世界抛弃，异常孤独，此时我们会感到自己格外脆弱，而亲近之人的安慰可以让我们重新变得强大起来。它能促使我们用更加乐观的视角看待问题，而不是软弱无力地选择放弃或认命。

那些认为父母肯定会在自己难过和沮丧的时候安慰自己的孩子，会坚信自己在痛苦和困境中并非孤身一人。这种信念是建立原初信任的绝佳基础，也是抵御外界攻击或伤害的坚实护盾。安慰可以帮助并保护我们的孩子，还能让他们变得更强大。安慰会让他们明白：我没有错得彻头彻尾，是眼下的状况太艰难了。一定会有办法的。我不是一个人，爸爸妈妈会在我身边帮助我的。

而得不到安慰的孩子则必须耗费大量心力才能应付自己的痛苦和情感上的孤独。这可能会超出孩子的承受能力，情况严重的话，甚至会表现为抑郁症、心因性疾病或恐惧症。

安慰并不是无底线地袒护自己的孩子，而是站在孩子一边，承认孩子的痛苦，并且试着减轻他的痛苦。

阿莉安娜（10岁）

在班级里，阿莉安娜在人际交往上状况频出。她自称专门喜欢惹别人生气，经常与他人发生冲突，因为她喜欢挑拨朋友之间的关系，还为了吸引注意力散布关于其他同学的谣言。

有一回在学校里，她又和其他孩子吵得很凶，连老师都在班会上说起了这件事。这天放学以后，阿莉安娜感到自己在世界上孤孤单单，没有朋友。她觉得很孤独，还觉得自己没有价值。可是她不敢把自己的烦恼告诉妈妈，因为她多少意识到自己有的地方做得不对，这场争端主要是因她而起的。不过母亲还是感觉到阿莉安娜有心事，于是主动向她问起。阿莉安娜的眼泪一下子夺眶而出，她把吵架的经过讲给母亲听，还说其他人对她有多坏。

母亲把她揽入怀里，抚摸她的头，紧紧抱住她，传给她体温与爱意。等阿莉安娜冷静下来一些以后，母亲又耐心而细致地追问她，帮她复盘争吵的产生过程和阿莉安娜在其中扮演了何种角色。接着她们一起思考，阿莉安娜以后应该怎么做才能避免冲突像这次一样步步升级。

在这个案例中，母亲成功地充满爱意地安慰了女儿，给予了女儿被庇护的感觉。同时她还推动了女儿带着批判的眼光反思自身的行为。母亲由此完成了十分有建设性的一步——设想一下，假如她只是心疼自己的女儿，光顾着和她一起骂其他同学，就不会对阿莉安娜的成长有什么帮助。尽管这么做能让孩子得到一时的安慰，但长远看来，如果缺乏反省，不改变自己的行为模式，她会一次又一次陷入同样的困境。另外，要是对孩子只批评，指出她的错误，而不安慰她，那么阿莉安娜在情感上肯定接受不了，她会变得更加脆弱。

慈爱的关怀与严肃的追问相结合，对孩子最有帮助。这既能让阿莉安娜有安全感，使她感到自己不是孤立无援的，还有妈妈在身边为她分担；同时母女两人还能一起思索建设性的想法，以避免日后产生冲突。母亲的安慰是情绪上的护盾，有了它，阿莉安娜才能自我反省并建设性地分析自己的行为。

通过来自父母的充满爱意的安慰，孩子也许能学会在心里与自己交谈。我们和他们说话的方式，我们安慰他们的行为，会构成日后他们需要安慰时在心里与自己对话的模板。如果孩子在早年把“安慰模板”内化于心，那么未来遇到困难时，他们就会读取“安慰模板”，同样充满爱意地对待自己。

而在困境中得不到安慰的孩子，会想出一些独自应对艰难时刻的策略。其中一种策略是“压抑情绪”，这样自己就不必痛苦地面对它了。该策略也许能够使人在短期内保持情绪的稳定，然而长期来看对健康不利。对孩子的健康成长至关重要的一点是，孩子能够在父母面前展现自己的任何情绪，并且确信父母总会张开双臂接纳自己，安慰自己。一定要让孩子坚信，不存在“错误的”或者不被允许的情绪。许多家庭把负面情绪视为禁忌，不允许表现出负面情绪，对负面情绪也闭口不提。比如说，有的家庭要求家庭成员压抑愤怒的情绪，不可以在家里发泄怒火或者表现出怒气。还有的家庭见不得悲伤的情绪，在家里有这样一条不成文而人人遵守的规则，那就是不能在家人面前表现出悲伤，让他们担心。

应该允许孩子在父母面前展现任何一种情绪，无论是轻松活泼的情绪，还是负面的情绪。

有的父母会说，他们已经察觉到了孩子情绪低落，或者他们也知道孩子遇到了一些烦心事，比如友谊破裂，可孩子就是不愿意说这些事。父母想要安慰孩子，却不知道该怎么开口。

假如你也遇到了类似的情况，记住要保持耐心和毅力。你要让孩子知道，你会陪着他、支持他。你可以试着充当他的情绪的镜子，说一说你观察到的他的情绪："我觉得你现在很伤心 / 难受 / 生气啊。"然后小心地试着开启对话。即便你很想搞清楚到底发生了什么事，也不要"刨根问底"或者像在审讯孩子一样。你要积极地倾听，给孩子表达自己的情绪和困扰的机会。我们有时候可能会操之过急，想要立刻揪出事情的起因或"肇事者"——有的孩子会被吓到的。这类谈话不一定是一蹴而就的；当孩子发现你关心他，认真严肃地对待他，真的想知道他到底遇到了什么烦心事的时候，他也许之后会逐渐向你敞开心扉。孩子不敢讲话，往往是因为他们害怕被“评判”。听了他们的讲述以后，我们的反应通常是责备或者训诫，这反而会让他们更加难过。你要想一想，该怎么对待孩子，他才会觉得和你谈心以后心里会好受一点。

反思

想一想，你家里是否不允许家庭成员表现出某一种情绪，不允许大家谈论某一种情绪。这种禁忌的根源往往在于各自的原生家庭。

如果你意识到你的家庭把某种情绪视为禁忌，那么好好想一想，试着在你的原生家庭或你伴侣的原生家庭中找找原因。意识到这其中的缘由是第一步，也是至关重要的一步！只要你察觉到了被压抑的情绪或者在你的家庭里被忽视的情绪，你就可以启用一套应对该情绪的新机制。要有耐心，如果有帮助的话，还可以和其他成年家庭成员（伴侣、父母、兄弟姐妹……）进行交流。应对孩子表现出的这种从前被视为禁忌的情绪时，要加倍注意。

用全情投入换取亲密无间

成年人的一天被纷繁复杂的责任与义务填满，所以大多数父母每天能够专注地陪伴孩子的时间实在有限。不过就算亲子时光很短暂，是心不在焉地应付还是全情投入地陪伴，依旧会产生巨大的差别。我们和孩子玩耍的时候往往三心二意。我们不会把全部注意力放在上面，总是要“顺便”做点事情（打扫卫生、回邮件、煮饭……），要不然就是我们虽然没有同时干点别的事，但脑子里还在想着职场或者明天要买什么菜。这就是日常生活的无奈，我们肩上的责任太多了。

全神贯注、毫不分心地陪伴孩子，就是高质量的陪伴。和儿子玩玩具车的时候，我们也许会坐在桌边，偶尔心不在焉地挪动一下一个人偶或者一辆玩具车，点评一句儿子铺设的街道，同时还想着把手头的邮件写完。我们也可以暂时把邮件放到一边，和孩子一起趴在地毯上，认认真真地玩 10 分钟游戏。我们试着用儿子的眼光打量眼前的玩具世界，并且沉浸其中。这种全情投入的陪伴要比三心二意的敷衍强好多倍。那种敷衍不过是为人父母的我们既想在良心上过得去，又想履行其他义务而采取的妥协之举罢了。而毫不分心、全神贯注的投入和高质量的陪伴，带来的则是快乐、亲密与亲子间的联结。我们一心多用，是为了节省时间。但这可不划算。因为我们在三心二意地陪孩子玩耍，所以不得不频频中断邮件写作，写一封邮件耗费的时间反而要比专心致志、一鼓作气时更长。

我们可以尝试一下，每天抽出一点点时间—— 10 分钟或者 15 分钟——全神贯注地陪伴孩子，在该时段内把所有注意力都放在孩子身上。我们这么做可以让孩子感到自己被看见，被认真对待还有被爱。孩子想要受关注的需求得到了满足之后，多数情况下就会乖乖地独自继续玩耍。充分满足孩子受关注的需求，好于仅仅是部分地满足他，导致孩子总是想方设法争取我们更多的关注。

文森特（15 岁）

我的母亲特别忙，她工作很努力，压力也很大。我知道她爱我，因为她再忙也能抽空关心我。我要是向她求助，比如学校里的课题我做不下去了，她每次都会帮我。无论再忙她都能做到。

从孩子很小的时候起，我们就可以向他们解释我们为什么要这样分配我们履行各种义务和陪伴他们的时间了："现在我和你玩一会儿买东西的游戏，然后我就必须要坐到电脑前工作了。你要是不想一个人待着，我就到你房间里坐着，但是我必须要工作，不能继续和你玩了。来吧，我想从你这里买点东西。"

随着孩子年龄增长，他们的时间感变得愈发清晰，我们也能把陪他们玩的时间说得更加明确："我现在可以和你一起捏 15 分钟泥巴，然后我就要去写邮件了。我们是一起捏个东西还是各做各的？"

我们把自己的时间安排告诉孩子，可以让孩子做出相应的调整，这样他们也不会毫无心理准备地感到失望。此举也为我们划定了一个全神贯注和孩子一起玩的时间范围。当孩子感受到我们全心全意地和他们一起玩，认真地投入游戏，最好还乐在其中时，他们会特别开心。一起体验的乐趣和共同经历的喜悦，能够创造情感上的联结与亲密。

当然最好的还是在没有时间限制的情况下，我们成年人可以没有压力地浸入孩子的世界。我特别欣赏那种可以和孩子玩得忘记时间与种种杂事的成年人。这类成年人从他们的身边人那里往往会得到“贪玩”或者“爱做白日梦”的评价。这取决于个人的性格特质——有的人倾向于把注意力集中在自己的义务和目标上，所以他们特别关注未来，总是想着还要做什么才能接近自己的目标。有的人则不那么在乎未来如何，他们更能享受当下。所以他们的行事风格更随性，更能专注于眼前之事。尽管不是所有成年人都拥有这种“贪玩”的性格特质，但我们这些多多少少为责任心挂怀的成年人都可以从孩子身上学点东西，全身心地投入当下。因为孩子只活在当下，他们天生能够极其专注地体验当下。如果我们能够和孩子一起分享这门艺术，我们就能得到更强烈的感受，与孩子产生亲密的联结。孩子特别喜欢我们照着他们的节奏来。虽然孩子拥有全情投入自己游戏的天赋，可以做到全然忘记世界、忘记周身的一切，但是平时他们一般不得不按照我们成年人快节奏的时间安排活动。孩子自己是没有日程表，没有排得满满的台历的，所以他们会很享受我们也慢下来，适应他们的速度。

全情投入孩子的世界的方法之一，也是每天都能践行的方法，就是聊天。我们的一天由各种各样的对话构成，对话内容通常围绕着家庭生活的安排或者各种事务：

“你什么时候写英语作业？”

“你运动以后怎么回家？”

“你为奶奶做生日贺卡了吗？”

日常琐事不能不说，这些对话的目的是交换有用信息，安排家庭的日常生活。可是这些对话不能让我们走进孩子的内心世界。假如我们能够每天让孩子聊一聊他感兴趣的事，他的喜怒哀乐，他的白日梦和想法，我们就能了解孩子身上更重要的东西，也能让我们和孩子之间更加亲密。

聊天的时候我们也要全情投入。这样的对话可不是蜻蜓点水，而且绝不可能在我们心不在焉的时候进行。我最常听见的父母不能经常和孩子这样聊天的理由是，他们没有时间。我当然相信，时间紧会让我们成年人焦虑、疲惫、缺乏耐心。我不信的是，大部分父母不能和孩子谈心的原因是没有时间。（那些从早到晚都见不着孩子，到家的时候孩子已经睡着了的父母除外。他们根本没有和孩子交流的机会。）他们之所以做不到这一点是因为时间紧造成了他们和孩子聊天时潦草的态度。

当我一心想着送孩子上幼儿园不要再迟到，正着急忙慌地给他穿衣服的时候，孩子突然满眼忧虑地问我："妈妈，外婆是什么时候死的？"这时我会出于种种原因不想接话。其实这段对话可能也就花个三五分钟的时间，可是我赶时间，连三五分钟也不愿挤出来。否则我就必须先深吸一口气，暂时把自己的安排放一边，抑制住不想迟到的强烈愿望，优先回答孩子的问题。我得先审视自己的态度，然后再把自己调整到能够全情投入地与孩子交谈的状态。我必须想孩子所想，用心体会这个问题当下对他来说多么重要。这种情况下，我们通常会说："宝宝，这个我们之后再说。"而说出这句话的那一刻我们自己也知道，这个话题之后我们肯定不会再提，因为我们会忘记，或者孩子之后也没心情听我们解释了。

孩子活在此时此地，他们的时间无法复刻。

那天我的孩子到底有没有上幼儿园迟到，我很快就忘记了。可是后来我意识到，他的提问是一个很好的与他深度交谈的机会，也许能让孩子感受到更多的关注，让我们母子之间更加亲密。开启和孩子的深度交谈根本没那么困难，只要我们能够打破自己既有的反应模式，全心全意关注孩子当下的状态。

当我们无法满怀爱意地全心陪伴孩子时

老实说，我属于相当看重准时、喜欢列待办事项清单的那类人。回顾往事，我为了不迟到而屡次错过与孩子进行深度交流的机会。而每当我及时转变了自己的态度，把自己成功从“赶时间＋完美主义”档切换到“关怀＋亲密”档时，我都会感到非常幸福。有时候我太紧张、太焦虑了，对孩子很不耐烦，无法满怀爱心地全心陪伴他们。事后看来，与我所错过的和孩子谈心的机会相比，当时我给自己施加的压力是多么微不足道——谈心能让我和孩子之间更加亲近，联系更加紧密。换句话说，跳出当时的情境回看时，从前我宁愿为之牺牲与孩子谈心的时间的事情，如今看来已经不那么重要了。事情的优先级排序正好倒了过来。

记得有一次——那时我的小儿子还是个几周大的婴儿，二儿子在上幼儿园，大儿子在上小学，他的梦想是当演员。一位与我熟识的制片人给了他一个在一部故事片里跑龙套的机会。虽然他只有两句台词，而且说台词对他来说不算什么难题，但是这个角色要求演员会打篮球，而我的大儿子当时不怎么会打篮球。所以他要去一家篮球俱乐部参加几次篮球训练。那家俱乐部离我们家大约有 45 分钟的车程。

要送大儿子上篮球课，我就必须把三个孩子全都带在身边，还得考虑到每个孩子的需要，带上吃的、喝的、尿布和玩具，等等。有一回出发送大儿子去训练之前，我刚刚把还是个婴儿的小儿子抱上车，二儿子已经在他的座位上坐好了，大儿子从家里出来（当时他只有九岁），他看见我们都坐在车里或者马上要上车了，就下意识地随手关上了家门。可是我的包还放在屋里，包里有我的手机、钥匙、钱包还有孩子们出门用的全部东西。

儿子关上门的那一刻，我在脑海里放电影一样把接下来的状况过了一遍：我得去找开锁公司（在周五下午并且没带手机的情况下），在八月的炎炎夏日里苦等开锁公司的人来，而且还没有水喝，想也想得到我的小儿子会哭闹起来，费了好大力气才给大儿子安排好的训练也去不成了，他马上就要去拍电影了，必须在开拍之前练好才行。自从我的小儿子出生以后，我已经几个星期没有睡过整觉了，这也是自然的事。这些天来我没有过一分钟属于自己的时间，总是精神紧张，疲劳过度。生了小儿子以后，我很努力地想要做到完美，让所有人都满意，把一切安排得妥妥帖帖。我想当完美的母亲、完美的妻子，还想证明给自己看，我足够强大，什么事都能做到。然后在家门关上的那一刻，我的情绪失控了。

我没有深呼吸，没有告诉自己，这不是什么大不了的事，只是出了点小差错而已。我把可怜的大儿子大骂了一顿。他怎么想的，怎么一出门随手就把门关上了呢？就不能多想一想吗？就不能帮帮忙吗？我把所有过错都推到了他的头上，其实是没有道理的。错的不是他，是我。我还从来没有这么蛮不讲理过。

我已经记不清之后那个下午具体是怎么样的了。应该没有我想象的那么糟糕。我去邻居家打电话给开锁公司，等了一会儿，并没有等太久。我忘不了的是自己当时那种失控的、无法共情的、毫无爱意的反应。今天我可以理解自己当时为什么会做出那样的反应，虽然它根本不恰当。我们父母也是人，有些情况也会超出我们的承受能力。这时我们不能把自己内心超负荷的、过度紧绷的状态调整为从多个角度看问题的状态，无法对自己的判断进行自我审视和反省：

错过这节课真的有那么糟糕吗?

等开锁公司的人来真的有那么艰巨吗?

把错误都推到儿子头上,这公平吗?

不,答案当然是否定的。很显然,对每个问题的回答都是“不”。今天,当孩子们都即将成年,我也连续很多天睡了一个好觉的时候,我当然很容易就能想清楚这点。假如当时我给自己提出并回答了这些问题,也许我就会后退一步,先反思自己的态度。我可能还会给自己提出以下问题:

即便在困境中,我也想要充满同理心地对待我的孩子吗?

我想不想当孩子们的榜样,即使计划有变也不要情绪失控?

我可以利用目前有些复杂的状况,使得母子关系更加亲近吗?

毫无争议,所有上述问题的回答都是“是”。

化解上述困境,避免自己不讲道理、不恰当地对待孩子的困难之处在于,我们要意识到自己的错误,还要分辨眼前的困境多大程度上是我们自己造成的。因此我们必须能够觉知自己的情绪，在这样的情况下，情绪决定事情的走向，情绪指挥我们的行为。觉知、分辨然后辨认自身情绪的能力是体恤孩子、为自己的行为负责的基础。

可惜我们对孩子的爱并不能阻止我们做出不恰当的反应。爱常常可以激发我们做出慷慨的、关心的以及共情的行为。可是爱不能防止我们的行为“脱轨”。有时候焦虑、受伤或不耐烦的情绪占了上风，然后很快就会出现这些状况：我们变得不讲道理，开始大声嚷嚷，我们操纵孩子，威胁孩子。事后回过头来看，这些行为大多都是可以理解的情绪化反应。就算我们自己不想，我们也会做出这些行为。即便是有着排山倒海的巨大能量的爱也不能防止这些行为的出现。而爱可以做到的是：它会推动我们努力弥合伤痕。我们可以尽量让我们给孩子造成的伤疤不要继续撕裂和加剧，不要让它破坏亲子之间的亲密与信任，最终造成亲子关系问题。

爱可以让我们花心力去反思。我们可以跳脱出来，回想事情的前因后果，思考哪些因素导致了自己的“情绪爆炸”，什么情况是我们自己造成的。要做到这一点，我们必须知道有哪些因素会左右自己的行为（以我错怪儿子这件事为例）：

- 何种**需求**导致我做出该行为？因为我有对掌控与和谐的需求，所以我想要做到“完美”，把所有事都安排好，导致自己压力很大。
- 什么**情绪**导致我做出该行为？我当时过度疲劳了，我很焦虑。

由此我可以断定，我为了优先满足另一种需求，把充满爱意地对待孩子的需求排在后面，所以我才做出了不恰当的反应。我的不切实际的对完美的追求给自己造成了焦虑和过度紧张的情绪，导致我蛮不讲理地对待孩子。如果我们对情况进行如上分析，就能体恤孩子，认清自己为什么会发脾气，如果错怪了孩子，也能向孩子道歉。

只要我们呵护与孩子的关系，用心修复对孩子造成的情感伤害，孩子也能感受到我们的爱，而且他们也会以我们为榜样，从我们身上学到做出不当的行为以后，如何建设性地修复一段关系。

我们要认识到：在亲子关系中，父母做出不恰当行为的原因并不重要，但是不恰当的行为会伤害孩子和亲子关系。

孩子既理解不了也用不着理解，为什么爸爸妈妈要这么对自己——他们就是受伤了，他们的自我价值感受损了，他们没那么信任父母了，他们和父母没那么亲密了。父母有保护孩子的义务，孩子也有得到保护的权利。

很多孩子成年以后还在等待着父母迈出认错的第一步。这一步也许是亲子之间变得亲近的开始，让双方多年的企盼得以实现。然而如果父母的行为模式已经固化，没有心理医生或咨询师的专业帮助，很难走出这一步。

用安全感为孩子打造铠甲

一些人生来对人生的看法就比较积极，他们往往被称为乐观主义者。他们对自己、人生和美好的未来都怀有信任。乐观的人倾向于对自己、自己所处的环境和未来给出正面的评价。这种态度会让他们比悲观的人更自信，更有力量，显得更能量充沛、容光焕发：他们比心态灰暗的人更可能做成自己想做的事。乐观的心态甚至对寿命有影响：2019 年波士顿大学开展的一项研究显示，乐观的心态可能使人的寿命延长 11%~15%，乐观的人更有可能活到 85 岁以上。

我们都知道，环境和基因对一个人的人生观有很大的影响。我们通过对双胞胎的各类调研得知，乐观的心态25%取决于先天因素，其余则受到个人经历和后天习得的思维模式影响。我们的很多思维模式都来自父母。孩子来到世界上时携带着先天的性格气质，有的孩子天生就有比他人更平和的性格。他们“很好养活”，还是婴儿的时候就能睡整觉，既不挑食，吃得也多，从小就开朗爱笑，招人喜欢。也有的孩子天生“难将就”，在他们还是小婴儿的时候就睡不好，吃饭特别挑嘴，从小和人打交道就害羞、拘谨、不知所措，所以不怎么容易和他人产生联结。撇开孩子或随和或挑剔的天性不谈，我坚信我们父母可以教给孩子充满信心的人生态度：我们可以带给孩子庇护感。

庇护感就是，无论发生什么，孩子都用不着害怕。被庇护还意味着，孩子知道自己归属何处，知道自己情感的家园在哪里，知道总有一个美好温馨的情感避风港会张开双臂迎接自己。所以庇护感就是，有一个成年人始终告诉孩子：我永远支持你，不管发生什么事我都会帮助你。我会保护你，你不会有事的。你是安全的。

如果父母能够带给孩子这种强烈的安全感，就能滋养孩子对自己、对周围环境和对未来的信心。

> 无条件的庇护是情感上的棉被，
> 永远可以让孩子依偎，孩子不会遭到拒绝，
> 他随时可以钻入棉被的温暖之中。

拥有这种感觉的孩子，内心便拥有了不可思议的宝藏。

当孩子不得不经受负面情绪时，正是他们最需要庇护感的时候：当他们怀疑自己的时候，当他们害怕的时候，当他们难过的时候，还有当他们忌妒别人或者怒火中烧的时候。孩子面对负面情绪时内心没有安全感。在这一刻，他们对自己、对周围环境和对未来的信心都动摇了。孩子缺乏能够帮他们认清现状的宝贵阅历，他们不知道有些事情是可以解决的，或者情况并没有那么糟糕。很多事对孩子来说都是第一次，而人在第一次经历某件事的时候，不管是好事还是坏事，感受都会格外清晰和强烈。负面情绪可能让孩子极度缺乏安全感。可是我们做父母的往往注意不到孩子的不安，只会去规范孩子的行为。

在孩子的艰难时刻，我们习惯于做评判：

“别这样。”

我们会转移孩子的注意力：

“来，吃个冰淇淋吧。”

或者给孩子提建议：

“我要是你的话，我就……”

可是孩子还没有心力去反思自己的行为，这时他最需要的是被爱的感觉、得到庇护的感觉。身体上的亲近通常最能准确无误地传递爱意和安全感：孩子大哭的时候，如果把他搂在爸爸妈妈怀里，让他哭个痛快，他就会很受安慰。等孩子躲进了情绪上的避风港，感到自己得到了父母的接纳，这时就可以和父母一起去解决问题本身。父母可以对孩子说，自己会和他一起想办法，而且作为一个富有经验的成年人，父母要告诉孩子，一切都会好起来的。

原谅的魔法

原谅是一个宏大的词。多少人数十年来承受着心灵和情绪上的负担，却依然无法原谅对方。原谅是一种可以习得的态度——孩子学起来比成年人容易，尤其是当孩子有一个榜样的时候。在亲子相处的日常中也会屡屡出现孩子令我们感到失望、恼怒的瞬间，或是我们觉得自己被孩子骗了，或者孩子不尊重我们的时刻。

在本书“避免冲突激化”一节中，我已经深入探讨过冲突下的行为方式，现在我只想谈谈“原谅”这个话题。有些父母在亲子冲突以后依然耿耿于怀，或者用撤回爱的方式惩罚孩子。他们将自己代入了“受害者”的角色，把自己视为孩子行为的受害者。他们的这种态度迫使孩子成了“施害者”。该过程可能对孩子造成心灵上的伤害，比如给孩子带来不合理的负罪感、自卑感、恐惧感或抑郁情绪。无须多言，如此的亲子关系不利于孩子养成良好的自我价值感。

原谅是一种基于豁达与爱的情感状态，不可强迫。原谅永远是自愿的。可是：

究其根本，原谅是自爱的体现。

要是我们始终困在指责、恼怒和怪罪他人的情绪里，我们就是在削弱自己的情绪能量，使自己状态失衡，用破坏性的负面情绪折磨自己。如果不能原谅，我们会执着于受伤害的感觉，自己把自己锁在由他人过错造就的痛苦监牢里。最后我们固守受害者的位置，不断强调自己受到的伤害，无法释怀，无法向前——而释怀是成长的基础。

原谅是一种能让我们停止怨恨，爽朗豁达、充满爱意地与自己和他人产生联结的能力。我在实践中发现，只要意识到让自己痛苦的人其实并无恶意或者无意为之，他们这么做只是他们能力不足或者有某种欠缺，很多人就会更容易原谅对方。然而要认识到孩提时自己眼中似乎无所不知、无所不能的父母在很多方面也是有缺陷的，的确不是一个容易的过程。但是它能帮助我们原谅父母对自己造成的伤害。

严（31 岁），伊利亚斯（3 岁）的父亲

母亲对严缺乏共情与爱，这让他多年来深受其苦。严从青春期开始不断责怪母亲对自己的态度——有时候直接说出来，但大多数时候是在心里、在脑海里、在情绪上责怪她。严把大量时间耗费在对母亲的默默责怪、恼恨和各种负面情绪上。通过心理治疗，他终于认识到，他并不是因为缺少价值而配不上母亲的爱，而是因为他的母亲根本没有共情能力。她对她身边其他人也是如此。而母亲之所以有这样的性格特点与她的人生经历有关。这一点认识帮助严把他自己从“受害者”的角色解脱出来，不再把

母亲视为“施害者”，而是某种意义上她所接受的那种教育下的“受害者”。因为有了这点认识，严多年以后终于能够在心里原谅母亲了。

在日常大大小小的冲突中，严努力用宽宏的态度对待他幼小的儿子。他决心给儿子做一个勇于原谅、不怀恨在心的榜样，因为他自己亲身体会到了原谅在巨大的冲突中会产生何种令人解脱的效果。

原谅不一定是外显的行为。有的人会原谅他们再也不会与之有交集的人，或者原谅已经不在人世的人。原谅的关键在于内心，发自内心的原谅才能把人从僵化的责备心态里和受害者位置上解放出来，消除痛苦。

每个人一生中都会碰上“原谅”这个话题，不管是我们原谅他人，还是需要得到他人原谅，所以我们应该给孩子树立良好的榜样，恰当地应对并解决冲突，最好还能达成谅解。我们一直都有机会下定决心，当孩子让我们失望的时候或者当我们和孩子产生冲突的时候，依然充满爱意地对待他们，不要久久怀恨在心。我们用这样的态度表达对孩子无条件的爱：即使我们中间有失望、有矛盾，你也永远都是我亲爱的孩子，我爱你胜过爱世上的一切，争执不会冲淡我对你的爱。

我从自己的人生经验和心理治疗经验里得出，原谅对于人的情感来说真的是一大挑战。一个人被伤得越深，就越难原谅。很多人觉得没有必要原谅，原谅与其说是解脱施害者，不如说是解脱受害者。

如果你读到这些文字的时候心生反感或者感到无助，觉得自己无法凭借自己的力量去原谅，然而你的内心深处和理智却相信，原谅对你来说是一种解脱，那么也许你需要心理咨询师或心理医生的帮助。如果你在宗教界有信任的人，宗教的干预也是一种选择。它可以帮助你敞开心扉，去面对“原谅”这个话题。这是人生中的重要议题。原谅会给我们和我们的孩子带来极大的解脱，而无法原谅带来的是极大的苦涩。

爱“不为什么”

如果你试图每天向你的孩子表达出你对他的爱，你想要他知道，他出现在你的生命里让你感到幸福，你不需要等待特殊的时刻，表达爱的时刻不需要“为什么”，比如：

- 你望着孩子说，你有多爱他。
- 你抽出时间和孩子一起玩，一起笑。
- 你抚摸孩子的头发，把他紧紧搂在怀里。
- 你给孩子唱摇篮曲，给他讲他最爱听的故事，哪怕已经讲过了 42 遍。

日常的压力通常会让我们的视野缩窄为“隧道视野”。我们不会往左瞧瞧，向右看看，只会聚焦于亟待解决的事项上。因此我们有时会忽视一些“不为什么”的时刻，一些我们仅仅是拥抱孩子或者告诉他我们有多爱他的时刻——我们这么做没有什么特别的理由，也不为了什么。正是这些“不为什么”的时刻让琐碎日常变得温暖闪亮。

孩子能够在平凡生活的点滴小事中感受到许多快乐与幸福。我们去体会他们的惊奇、他们的喜悦并且与之分享，我们和孩子之间就会产生联结感。父母可以让孩子感到生活中满满都是爱。这样长大的孩子在情感上很富足，不会渴求爱。一个缺少爱、情感贫瘠的人就会渴求爱。

卡斯帕（11岁）

我妈妈有时候会抚摸着我的头对我说，她想象不出还会有比我更好的儿子，她还说她特别爱我。这个时候我就会觉得她对我的爱很真挚。

本章内容中提出的所有要点都是为了营造充满爱意的氛围基调。我们每个人都能记得儿时家里时常萦绕的氛围。就像走进每间房子时都会闻到这里独特的气味一样（人们去别人家做客时通常可以闻到房子的气味，但是闻不到自己家的气味），每个家庭都有它情绪上的氛围基调。有些家庭的氛围基调轻松欢快、充满爱意，他们对待客人也热情真诚。有些家庭的氛围压抑，另一些家庭的氛围剑拔弩张，还有些家庭的氛围淡漠疏远。当然每个家里的气氛都会发生变化，但氛围的基调大体不变。

反思

停下来，反思一下，你的孩子可能会怎么形容你们家的家庭氛围。

孩子会更多地使用左侧还是右侧的形容词？

- 充满爱意的 – 没有爱意的
- 欢乐的 – 压抑的
- 愉悦的 – 悲伤的
- 关心的 – 冷漠的
- 乐意帮忙的 – 不乐意帮忙的
- 开放的 – 封闭的
- 包容的 – 严苛的
- 尊重人的 – 不尊重人的
- 放松的 – 焦虑的
- 安全的 – 不安的
- 给人力量的 – 不能给人力量的
- 可以预判的 – 变幻莫测的
- 令人信赖的 – 让人怀疑的
- 真诚的 – 虚伪的

回答下列问题可以帮助你找到答案：

- 你们常常一起哈哈大笑吗？
- 你们会定期聊天或者进行什么活动吗？
- 你们之间亲近吗？

- **你们争吵频繁吗？争吵一般是如何收场的？**
- **孩子需要安慰的时候会来找你吗？**
- **你们对待彼此的方式充满爱意吗？**
- **你们和彼此说话的方式是否尊重对方？**
- **你们会互相帮助吗？**

假如你觉得孩子在描述你们家的家庭氛围时会使用一些右侧的形容词，你可以分析一下这些词语背后的品质。你可以试着循序渐进地使用更多充满爱意的肢体语言和话语，在家庭生活中安排更多的集体活动和聊天时间，以此抵消那些用来描述令人不适的家庭氛围的形容词。让孩子感到你看见并感受到了他的情绪和需求，是营造充满爱意的家庭氛围的第一步。多问问孩子最近怎么样，试着理解他的情绪。你会看到一种积极的动力的产生：当作为父亲或母亲的你用充满爱意的语气向孩子说话，或者你开开心心、兴致勃勃地和孩子一起去做一件什么事情的时候，你得到的将比你付出的更多。对孩子来说，没有什么比父母的关注和爱更重要。

或许你觉得你家里某个时候氛围比较好，其他时候氛围基调都比较负面。比如你家里会定期全家一起吃饭，边吃边聊，其乐融融，也可能是每天晚上父母哄孩子入睡时，会和孩子一起读故事、聊天，安适惬意。但也许你们不太擅长处理矛盾，一旦发生摩擦，气氛就急转直下，家人之间相互指责，最后总有人摔门离场。最好是做父母的能够互相交流一下，说一说各自认为家里什么时候的氛围基调欢乐活泼又充满爱意和信任，哪些方面还需要改进。如果孩子已经足够大了，还可以用他们所能理解的方式问一问孩子有什么改进意见。这样全家人都会意识到他们在哪些情况下的行为还需要改进，每个人都会为营造良好的氛围努力。

练习：营造温馨的家庭氛围

- 一起吃饭时相互交流。
- 创造一些仪式感，比如哄孩子睡觉的时候读故事。
- 发起一些亲子活动——玩游戏，一起演奏乐器，烹饪，园艺，做手工，运动，一起听音乐。
- 相互倾听。
- 使用充满爱意的肢体语言，比如拥抱、抚摸头。
- 直接把爱说出来。
- 对对方的日常生活表现出兴趣——询问孩子今天过

得怎么样，问他们的朋友、爱好、最喜欢的电脑游戏。也可以问孩子在学校表现如何，但是不要只追着问学业。

- 父母讲述自己的日常生活。
- 创造一些共同的经历，即便在平凡的日子里也要创造一些“体验的小岛”——春天去森林里野餐，一起学一个魔术小把戏，一起为爷爷奶奶排演一个节目，夏夜在阳台上扎帐篷看星星。
- 平和地解决冲突。

即便父母的用心是好的，也难免会有一回两回不恰当地对待孩子，伤害了孩子。父母往往注意不到自己的行为已经对孩子造成了伤害。每一位父母都会无意识地伤害自己的孩子，因为无意识，所以他们自己也注意不到。我们无法左右自己无意识的行为，可是我们能够控制自己有意识的、充满爱意的行为，它会像护甲一样保护孩子免受情感伤害——包括我们自己无意中带给孩子的伤害，并以此养成孩子稳定的情绪状态。

后 记

本书的主题是“建立孩子的自我价值”。我做心理医生和做母亲的经验一次又一次地验证了这一点：帮助孩子养成良好的自我价值感，是父母能给予孩子的最大的宝藏。稳定的自我价值感让人受用一生。它是促进孩子养成健全人格的关键保障。

可是，反之亦然：孩子的人际交往问题、对父母的过度依赖以及他们在幼儿园和学校里的冲突——几乎所有问题的根源都在于自我价值认知紊乱和自爱匮乏。疫情之前我们已经发现，我们的孩子们有很多痛苦。我深信他们的许多痛苦都和他们匮乏的自我价值感紧密相关。良好的自我价值感是养成健全人格的关键因素，而我们做父母的有能力帮助孩子的自我价值感日益增长。一个人如果接纳本真的自己，拥有良好的自我价值感，会用充满爱意的目光向内凝望自我，那么通常他比那些自我价值感低的人更能充满爱意地对待他人。这类人的心里装满了爱与慷慨，因此对他们来说，给予爱意是一件很容易的事，由此产生了一个良性循环：他们积极的行为使得身边人给出积极的反馈，从而进一步增强了他们的自我价值感。相反则会出现恶性循环：用挑剔刻薄的眼光打量四周的人会收到消极的反馈，他们的自我价值感不会由此增强。

我们教自己的孩子用充满爱意的目光凝望自我，不仅是引导他们接纳自己，还是在教他们用积极的心态面对身边的人。欣赏自己、欣赏他人的态度可以通过各种方式增强我们的自我价值感。

向内的目光总会向外投射。
对自己的爱终将映照到他人身上。

用充满爱意的目光凝视自我的人，得以做本真的自己，不必伪装成一个不是自己的人。在人际交往中，以真面目示人才可能获得亲密的关系。如果一个人的自爱在健康的范围之内，那么他就能向世界和身边的人展现出真正的自我。总是在扮演他人，总是戴着面具的人不可能与身边人建立真正的亲密关系。因为即便他建立了一段关系，进入这段关系中的也不是本真的他，而是他的一个不真实的分身。

你可以用火花的比喻告诉孩子，充满爱意的行为会有什么积极的效果。幸福的人会向他人微笑，对他人友善——这就是在送出善意的火花。得到善意的人会感到高兴，心情也会变好，然后他也会向其他人微笑。这个得到微笑的人也会受到积极的触动，又把这朵善意的火花——这次也许是以耐心的形式——传递给下一个需要它的人。于是由一个充满爱意的行为燃起的小小火花就这样去往远方。我们给予他人的一小朵火花可以绕一大圈，点亮整条街道、整个村庄、整个地区、整个国家、整个世界。

然而相反的效应同样存在：因为我们对自己不满，我们对他人的态度也不友善——我们传递给他人恶意的气息。它能伤人，而且会迅速地人传人，被伤害的人也会不耐烦地对待别人。所以没有爱意的行为吹起的气息也能充满整条街道、整个村庄、整个地区、整个国家甚至整个世界。你可以给孩子阅读《我就是喜欢我》故事手册中的小故事《火花》，在玩耍中教给他这个道理。

无论是充满爱意的行为，还是没有爱意的行为，都是我们传递给他人的能量。两者都不会在他人身上停留，而是会作为能量被再次传递出去。很小的孩子就已经懂得，自己的行为可以对其他人造成影响，我们总是可以选择向环境传递积极的能量还是消极的能量。

缺乏自我价值感是除其他触发性因素外导致心理问题的风险因素，可能给人带来极大的痛苦，所以我们做父母的应该时时给我们自己还有孩子的自我价值感输送养料。暂且不论自我价值感低的人是否一定会产生心理问题，缺乏自我价值感这件事本身就让人痛苦，而且会造成妒忌、自卑和抱怨等不良情绪。有些人只会通过攻击他人、暴力行为和控制他人等方式弥补自己匮乏的自我价值感。而这些方式是永远行不通的，在这里就不再赘述了。

要是大多数人都具备健康的自我价值感，那么这个世界上将会少很多痛苦和破坏性的能量。如果我能善待自己，那么我也能善待我的邻人。稳定的自我价值感不仅有利于个人的幸福，还有助于提高整个社会的满意度。拥有良好自我价值感的人可以为集体做出积极的贡献，因为他们有能力与他人建立建设性的关系。从社会的角度来看，每一个接纳自己、欣赏自己、感受到自己的价值然后成长为成年人的孩子都对世界有益。

培养孩子的自我价值感是我们能给予他们和全社会的最好的礼物。

表述情绪的词汇表

当我们的需求得到满足时，我们可能会用到的表述情绪和感受的词汇：

A
爱意丰盈
安全
安闲

B
被保护
被打动
被吸引

C
沉着
充满爱意
充满活力
充满力量
充满热情
充实
触动

D
逗趣

F
发奋
放松

G
感动
干劲十足
高兴

H
好奇
欢快
欢欣
欢呼雀跃
活泼
活跃

J
激动
极其幸福
坚决
精神饱满
惊喜
惊讶

K
开朗
快乐
狂喜

M

满足

满意

N

宁静

P

平和

平静

迫切

Q

惬意

清楚

轻快

轻松

情不自禁

求知若渴

确信

R

热情洋溢

热血

容光焕发

柔情

如释重负

入迷

S

舒服

松了口气

T

陶醉

W

无怨无恼

无忧无虑

X

喜出望外

喜悦

闲散

心潮澎湃

心情好

欣喜

兴奋

幸福

Y

勇敢

有动力

有福

友善

有兴致

愉快

Z

知足

着迷

振奋

专注

自控

自信

自由

当我们的需求没有得到满足时，我们可能会用到的表述情绪和感受的词汇：

B
百无聊赖
半死不活
暴怒
悲伤
别扭
不安
不满
不耐烦
不适
不幸

C
沉重

D
担忧
胆怯

E
愕然

F
烦躁
愤怒

G
孤独

H
寒心
好斗
怀恨
恍惚
浑浑噩噩
混乱

J
激动
焦躁
僵化
筋疲力尽
紧绷
紧张
惊慌
惊惶
警惕
拘束

K
恐慌
恐惧
苦涩
困惑

L
懒散
冷淡
冷漠

M

麻木

没劲

迷茫

N

难受

恼怒

P

疲惫

疲劳

Q

气恼

气馁

怯懦

S

生气

失控

失望

受惊

受伤

T

痛苦

W

畏缩

无动于衷

无精打采

无聊

无助

X

消沉

心力交瘁

心事重重

羞怯

Y

压力大

压抑

厌恶

抑郁

忧心忡忡

怨恨

Z

着急

震惊

惴惴不安

致 谢

感谢贝尔茨出版社编辑佩特拉·多恩充满热情地对本书进行悉心校对并提出了中肯的建议，我们的合作十分愉快。

谢谢以下诸位在试读阶段为本书提供宝贵的反馈。与他们的交流令我获益颇多。在此感谢他们的鼎力相助。他们是：

塞巴斯蒂安·卡里姆·伊利亚斯、马提亚斯·杜普夫纳与克劳迪娅·穆勒－卡尔迈尔。

我就是喜欢我

（故事手册）

[德]乌里珂·杜普夫纳（Ulrike Döpfner）著
王一帆 译　高盈 绘

机械工业出版社
CHINA MACHINE PRESS

目 录

1. 犯错的小兔子

本和提姆是两只小兔子，他们是彼此最要好的朋友。他们从上幼儿园的时候就认识了。那时候，他们最爱在一起玩游戏、滑滑梯和荡秋千。

现在这两只小兔子都上小学四年级了。他们的学校在森林边缘，位于一个舒适的岩洞内，面朝一大片林中空地。小兔子们坐在教室里就能闻到草地上野草的清香，听见外面蜻蜓和野蜂“嗡嗡”鸣唱的声音。如果天气晴朗，小兔子们就会去户外上课，一边学习一边享受明媚的阳光和舒爽的清风。

本和提姆特别喜欢在课间赛跑或者踢足球。那个足球是本的生日礼物。

放学后，只要有时间，他们也都会在一起踢足球。有时

是在他们自己家的花园里踢，有时是在学校旁那片开阔的空地上踢。那里长着一棵高大的栗子树，树下有一家名叫“金胡萝卜”的小饭馆。足球踢累了，本和提姆常常会用零花钱在小饭馆里买一杯鲜榨的胡萝卜汁。这家店的胡萝卜汁里还加了几片蒲公英叶，所以格外美味。

本的妈妈再三叮嘱过他，不要在别人家房前踢球，如果想踢球，就去紧邻田野的空地上踢。这样，被他们踢飞的球就不会打碎别人家的窗户了。提姆的爸爸也让提姆和朋友一起去田野上或者森林里踢球，免得弄坏东西。玻璃碎片会划伤兔爪，所以兔子村的村民们都非常小心，避免打碎玻璃制品。每只小兔子都知道，玻璃碎片一旦扎进了爪子里就很难拔出来，而且拔出来时非常疼。

然而本和提姆还是最喜欢在那家叫“金胡萝卜”的小饭馆旁边踢球，因为那里总是散发着新鲜出炉的胡萝卜蛋糕的香气，而且在饭馆里用餐的客人们总是会吃剩下一些蛋糕碎屑。

有一天，一件迟早会发生的事情发生了：本踢出了特别有力的一脚，足球擦过球门，直直撞上了绘有复活节彩蛋的饭馆玻璃窗。

本和提姆闪电般飞快地跑回家去，一路上狂奔不止，头也不敢回，所以“金胡萝卜”饭馆的内波穆克老板没能抓住他们。

两只小兔子各自回到家中，和家人们一起吃晚饭。这天晚上，提姆的爸爸妈妈惊奇地发现，提姆很早就上床睡觉

了。他做了噩梦，梦见内波穆克老板在破口大骂。他不敢把他和本打碎玻璃窗的事告诉爸爸妈妈，因为他知道自己做了错事——爸爸和自己说过很多次，不要在别人家门前踢球。

第二天早上，尽管早餐有新鲜出炉、热气腾腾的榛果面包片——这是提姆平日里特别爱吃的美食——他还是什么都吃不下，因为一想到那扇被打碎的玻璃窗，他就良心不安。

妈妈问道：“提姆，你脸色怎么这么苍白？是不是哪里不舒服？”提姆只是摇摇头，亲了亲妈妈，然后就背着书包上学去了。

到了学校，提姆碰到了本，本看上去若无其事，还兴高采烈地和提姆打招呼：“怎么了，提姆？你怎么看起来心情不太好呀？”

提姆嘟嘟囔囔地说：“你的心可真大！一想到我们打碎玻璃以后跑掉了，我心里就难受。我爸妈要是知道了，肯定会骂死我的。”

本惊讶极了，一对长耳朵都竖了起来，他的棕色眼睛里满是诧异：“天啊！你一个字都没告诉你的爸爸妈妈吗？要是我的话，早就憋不住了。太可怜了，心里藏着这么大的一个秘密得有多累啊！”

现在轮到提姆惊讶得摇耳朵了。由于过于激动，他的兔唇也跟着颤抖起来：“什么？你和你爸妈说了？那他们是不是把你臭骂了一顿？”

本回答道：“咳！他们当然很不高兴了。当然咯，他们

也问我，为什么我没听进去他们的话，为什么不去离房子远一点的地方踢球。我就跟他们说，饭馆那里有好闻的蛋糕香味，而且我们还可以顺便捡一点蛋糕碎屑吃。然后他们和我聊了很久，说我应该管好自己以赢得他们的信任，这很重要，这样他们就不会总是担心我了。我爸爸妈妈说，只有互相信任的人才能互相依靠。不管对于家人还是对于朋友来说，这一点都非常重要。”

本接着说：“我懂他们讲的这些道理，我也希望爸爸妈妈能够做到答应过我的事情。比如，如果答应了周末带我去游乐园，就不要因为他们很忙而取消原计划。接着我们就一起想办法，商量该怎么向内波穆克老板道歉。我爸妈想让我向内波穆克老板赔礼，但是我不敢一个人去，所以今天放学以后他们会陪着我去道歉。我们说好了，我要用自己的零花钱赔偿那扇弄碎的玻璃窗。真倒霉，但是我也明白为什么得这么做。今天和我一块儿去道歉吧，你也把零花钱拿出来，我们均摊赔偿的钱——这也很公平，不是吗？然后你就可以告诉你的爸爸妈妈，说问题已经解决了。”

提姆摇摆着身子——他一激动起来就会这样，说道：“行吧，我和你一起去道歉。虽然弄破玻璃的那一脚球是你踢的，但我们两个都在饭馆旁边踢球了，所以我也需要用自己的零花钱赔偿老板。不过这件事可要保密——没必要让我爸妈知道。”

本皱起了眉头：“为什么要瞒着你的爸爸妈妈呢？我爸爸说，是人总会犯错，犯错很正常。犯错误不可怕，可怕的是不能承认错误，不能从错误中吸取教训。你好好想想吧。只要你愿意，我可以和你一起把这件事告诉你的爸爸妈妈。”

提姆深吸一口气，说：“好吧，如果你和我一起的话，

我就告诉他们。他们也总说，不管遇到什么事都要和他们讲，但是我害怕讲了以后他们会像狂风暴雨一样劈头盖脸地骂我。”

本一把抱住了他的朋友提姆：“你只要告诉他们，你已经道歉了，心里很不好受，也用零花钱赔偿了老板，肯定会没事的。”

“真的吗？”提姆问道，他增添了一点信心，脸上露了出微笑。

“千真万确，”他的好朋友本回答。

然后，两只小兔子手牵手去上课了。

2. 跌倒了站起来，我就是喜欢我

最近，我鼓起勇气做了一件很困难的事情。我酝酿了很久，心想一定要做成这件事。我的心怦怦直跳，双膝发软——但是，还是失败了。唉！后来我还跌倒了，划破了膝盖。不过比膝盖流血更令人难受的是——我觉得自己好丢

脸！别的小孩都向我投来嘲笑的目光，还悄悄地议论我。我羞得满脸通红，索性跑开了。我不要看见任何人，就想自己待着。我再也不要出丑了。

之后的几天、几周和几个月里，我都避免去做任何可能会失败的事情。我再也不要体会失败的滋味了，那太可怕了。我再也没有跌倒，再也没有划破膝盖，然而也再没有了其他小孩从山坡上俯冲下来或者比赛爬树时的那种令人心痒痒的兴奋劲儿。因为我干脆不和他们一起玩了。我总是独自一人，想方设法不做任何可能让自己出丑的事。

现在我没有跌倒时那种难受的情绪了，但是我心里又出现了另外一种难受的情绪——我觉得自己被孤立了，而且对什么都提不起兴趣。我从不出错，可又总觉得哪里不对头。我已经很久都没有开心的感觉了。别的孩子一起玩时不会叫上我，因为反正我都会拒绝参加任何好玩和刺激的活动。我总是一个人玩。我想回到以前的样子，但是又不知道该怎么办——毕竟我再也不想在别人面前出丑了，绝对不想！

有一次，我在自家花园里远远地望着其他孩子一个接一个地从一堵高墙上往下跳，也许他们是在比赛谁跳得最远。

他们都敢往下跳，不过只有高个子汤姆被绊了一跤。他

落地的时候跌倒了，摔得很难看，像个皮球一样滚到了一边。那模样实在好笑，甚至连站在远处的我都忍不住笑了起来。然后我心想，汤姆真可怜，大家都在笑他，他肯定觉得很丢脸，一会儿他该像我那时候一样跑开了。

令我诧异的是，高个子汤姆没有跑开。他站了起来，拍拍裤子上的泥，咧嘴一笑，然后鞠了一躬。他似乎一点都不尴尬，那鞠躬的动作活像谢幕的话剧演员！那么其他孩子是什么反应呢？他们像看了一出好戏一样，齐齐拍手叫好。我简直不敢相信自己的眼睛和耳朵。然后他们又一个个从墙上往下跳，汤姆也在其中。他跳得多好啊！这一回他跳得最远，而且落地的动作堪称完美。现在他没有鞠躬，其他孩子也开始鼓掌了。

这一幕对我造成了巨大的冲击，我太羡慕汤姆了。他虽然跌倒了，却一点都没往心里去，而且关键是，他竟然敢再跳一次！这个幸运儿没有逃跑，更没有躲着别人。啊！我也想要像他一样。突然间，心痒痒的感觉又回来了，我身体里仿佛有数不清的蝴蝶在忽上忽下地飞。

来不及多想，我就从秋千上跳下来，然后用最快的速度飞奔向那群孩子。我迫不及待想要加入他们，想要去玩、去闹。或许我不得不再次面对失败，但我也愿意承受。现在我没那么害怕失败了，因为我懂得了一个道理：跌倒既不可怕，也不丢人。如果跌倒了，一定要站起来再试一次。实在不行的话，那就弯下腰鞠一躬好了。

3. 不许笑的钢琴课

小兔子马克斯该上钢琴课了。每周一下午五点钟喝完咖啡后，就是钢琴课时间。今天马克斯在喝咖啡时吃了一小块美味的胡萝卜奶油蛋糕。本来这是他最爱吃的蛋糕，但每周一这时马克斯都食不甘味，因为一想到要上兔牙老师的钢琴课，他就心情沉重，没了胃口。上周马克斯的练琴时长又没有达到要求，其实他几乎就没怎么认真练，只是在每天放学后弹了一小会儿。他明白这点练习是远远不够的，因为他还是不能准确无误地演奏兔子作曲家兔扎特创作的《蹦跳进行曲》。那首曲子他已经练了四个星期了，却还是没上手。

去年，马克斯向爸爸妈妈提出，他想学钢琴，而且软磨硬泡了好几个星期。这是因为他的朋友苔莎家里有一台精美的黑色木质钢琴，每次马克斯去苔莎家里玩的时候，苔莎都会弹起悦耳的钢琴曲。马克斯很喜欢苔莎，苔莎那双颜色罕

见的绿眼睛在马克斯心目中是世界上最动人的明眸。他在心里暗暗希望自己能够像苔莎一样学会弹钢琴，让苔莎对自己刮目相看。他仿佛已经看见了未来自己和苔莎一起四手联弹的情景。一想到和美丽的苔莎并肩坐在钢琴前的画面，马克斯就觉得心窝热乎乎的，总是忍不住轻轻地叹一口气。

起初爸爸妈妈并不支持马克斯的钢琴梦。他们想让马克斯和他的姐姐伊达一样去学长笛，这样就不必在他们家的小房子里摆下钢琴这样又昂贵又占地方的乐器了。爸爸妈妈觉得，让马克斯学手风琴也不错，就像琴艺娴熟的艾莉姑姑那样，或者和贝提舅舅一样学口琴也可以。但马克斯偏偏想学占地方的钢琴。本来爸爸妈妈是不赞成的，但架不住马克斯坚持不懈地苦苦央求，他们还是让步了。于是“圣诞老人”在圣诞节时给马克斯送来了他梦寐以求的钢琴。不过在这之前，爸爸很严肃地和马克斯谈了钢琴课的问题。“马克斯，”爸爸说，“你如果要学钢琴，就不能只有三分钟热度。一旦开始上钢琴课，妈妈和我就希望你坚持下去。我们打算给你请特别好的钢琴老师——既然都去做了，就要把事情做好。当然你也必须努力，好好练琴。有句老话说得好，‘没有付出，哪来收获’。每次我在学校考差了回到家，我的奶奶都会这么说。那时候我还是只贪玩的小兔子。弹钢琴也是一样的道理——只要你勤学苦练就会有进步，然后你很快就能弹一些悦耳动听的曲目了。准备好了吗？”

“那还用说，老爸，”马克斯喊道，他一边说着，一边搂住爸爸的脖子，亲了爸爸的脸颊一口，“我当然会超级超级勤奋地练琴的——说到做到！”马克斯按照兔子们的习俗，和爸爸击掌，表示一言为定。

“很好，儿子，那我们就可以放心地满足你的愿望了，”爸爸回答。爸爸让马克斯觉得自己此刻是全世界最幸福的小兔子。当圣诞老人真的送来了日思夜想的钢琴时，马克斯是多么高兴啊！那是一台绝美的淡黄色钢琴，琴身闪闪发光。马克斯迫不及待地盼望着他的第一节钢琴课。圣诞假日期间，当别人还舒舒服服地窝在屋子里过冬，其他小兔子们还在玩圣诞节收到的新玩具时，马克斯已经开始学钢琴了。

在开始学琴后的第一个星期里，马克斯总是期待着他的钢琴老师——获得了博士学位的兔牙老师来给他上课。兔牙老师是一位上了点年纪的女老师，既古板又严格。她戴着一副黑框眼镜，那厚厚的镜片让马克斯想起自己的哈妮姨婆。刚开始上课时，马克斯老是哧哧窃笑，因为兔牙老师打拍子的时候不仅会拍手，还会随着节奏磕碰自己的两瓣大门牙。“啊哈，”马克斯心想，“兔牙老师真是人如其名。”兔牙老师发现马克斯在偷笑，就板着脸瞪着他，教训道：“马克斯同学，学乐器要勤奋和专注。我的课上没什么可笑的！”马克斯的脸红到了耳根。“太尴尬了，”他心想。于是以后每次兔

牙老师用门牙打拍子时，马克斯都竭力克制住自己不要笑出声来。

马克斯毫不费力地学完了头几首曲子，正弹得非常开心。这时兔牙老师又教给他一些更难的曲目。要学会这些难度更大的钢琴曲，马克斯就得更加勤奋地练习，而练习总是辛苦的。现在他不能像初学时那样，随随便便就可以弹出一支曲子来了，他必须反反复复地练习，才能把一首曲子准确无误地弹下来。马克斯对钢琴最初的热情消失了。再加上他正好遇到一位严格古板又不苟言笑的老师，就越发觉得钢琴课没意思了。马克斯的练习时间越来越少，进步也很慢，上课时兔牙老师的脸色也越来越阴沉，这下马克斯就更不喜欢学钢琴了。现在兔牙老师也不再用门牙打拍子了，因为马克斯根本弹不出像样的节奏来。与苔莎一起四手联弹的美梦正在离他越来越远。

渐渐地，马克斯不再像学琴之前答应过爸爸的那样用功练琴了。为此他当然很自责，因为自己没能说到做到——从小爸爸妈妈就教育他："别哭叫，别懊恼，咱们说到就要做到。"

现在他不知道该怎么办了。他特别害怕上周一的钢琴

课，但是又不能对爸爸妈妈说他不想继续学了——他可是答应过爸爸要坚持学钢琴的，而且还要刻苦练琴……

马克斯的妈妈希尔达和爸爸哈利都是非常勤劳的兔子，他们一年到头都在自己的“希哈”复活节彩蛋装饰工作室（工作室的名字取自夫妻俩名字的头一个字）里埋头苦干。

他们每天都要在工作室里工作到傍晚，他们的工作簿上写满了来自全国的订购信息，长达好多页。这都是因为，希尔达和哈利是天赋很高的彩蛋装饰家，全国就数他们设计的彩蛋装饰最精美、最别致。他们最得意的作品是“希哈”纹样。这种纹样的色调格外明亮，由他们两个联手描绘，另外还撒上了一种用珍珠贝粉和沙子按独家秘方混合配成的闪粉。只有马克斯的爸爸妈妈才知道这个秘方，而且也只有他们两人合作才能画出这种备受欢迎的彩蛋图案。正是因为爸爸妈妈共同创作出了独一无二的作品，马克斯才会想到要和苔莎一起四手联弹，他也想和自己心爱的女孩一起创造一些美好的事物。对马克斯来说，他更想在音乐方面有所成就。

爸爸妈妈太忙了，所以没有发现马克斯弹琴不认真。他们会时不时问他：“宝贝，今天练琴了吗？”马克斯总是会点点头，或者给出肯定的答复——每次这么撒谎时，他的心里就很不好受。

所幸总算有一天，马克斯的姐姐伊达帮了他一把。

伊达每天放学后都和马克斯待在一起，当然能够注意到弟弟不再像刚开始时那样兴致勃勃地练琴了。伊达还发现，现在马克斯练习莫扎特的进行曲已经好几个星期了，却

一直都没有什么进展，这让她觉得很奇怪。她也观察到，弟弟给周一来登门授课的兔牙老师开门时有多么闷闷不乐——这可和以前完全不一样。那时候马克斯总是兴高采烈地跑去给老师开门，然后迫不及待地想向老师展示自己上周练习的曲子。

钢琴老师恼怒的眼神也逃不过伊达的眼睛，所以她去找弟弟谈心："马克斯，你没那么喜欢上钢琴课了，对不对？"

"没那么喜欢？姐姐啊，我压根儿就不喜欢上钢琴课了——我讨厌钢琴课！上课太无聊了，老师又很凶，连笑都不许笑！"

伊达听了非常惊讶："可是你当时无论如何都要学钢琴，还和爸爸击掌约定，一定会好好练琴。爸爸还专门向音乐协会的会长打听到了最好的老师，想让你学得快一些。"

"是这样没错，姐姐。我也知道，所以我才这么自责。我知道自己没能说到做到，肯定是因为我不是那块料。我烦透了这些进行曲，烦透了兔牙老师用她的大门牙打拍子。我就是没有音乐天赋，学不会！"

这下伊达哈哈大笑起来，笑得从她那棕色的大眼睛里滚落出大颗大颗的眼泪："什么？兔牙老师用门牙打拍子？"

马克斯也跟着大笑起来。他终于可以好好笑一下了。他笑得太起劲，在地上蜷缩成一团，捂住了自己的小肚子。

他们终于停下不笑了以后，马克斯告诉姐姐，之前他有多喜欢上钢琴课，一开始有多美好，可是现在他有多不愿意学琴——老师总是板着脸，还不许人笑，而且选的曲目也很无聊，这些都让马克斯对钢琴课失去了兴趣。“我想弹点爵士乐，不想老是弹这种老掉牙的曲子。但是兔牙博士坚持要教旧曲目，还说这样才得体。”

“原来是这样，”伊达说，“音乐就是要让人快乐，没有什么得体不得体的。要有进步，当然得练习——不过跟着不适合你的老师就没心情练习，我能够理解你。等等，我有办法了……”

伊达一脸神秘地跑出家门。过了一会儿，她回来了，双眼闪闪发光：“我问了我的学长，‘钢琴凯’，问他愿不愿意给你上课。他从三岁起就开始弹钢琴了，会弹所有流行的爵士乐和新歌。你肯定会喜欢的，而且他已经答应教你了！”

“太好啦！”马克斯欢呼起来，然后声音又低了下去，“我们要告诉爸爸妈妈吗？”

“最好实话实说，”姐姐答道，“你就像跟我说的时候一样，把所有事情一五一十地告诉他们。他们会理解的。你也要承认自己没有用功练琴，所以兔牙老师才会脸色很难看。不过她的教学方式好像不太适合你——你需要更年轻的、更酷的、教其他曲目而且允许你笑的老师！爸爸妈妈会理解的。他们也许会因为你撒谎了，所以才有点不高兴。不过如果他们发现你换了老师之后变得更勤奋了，就会消气的。然后你就可以在家里办一场钢琴演奏会啦！”

结果真是这样。马克斯鼓足勇气，借着吃晚饭的时机卸下了压在心上的重担。他把自己对伊达说过的话都告诉了父母。当他实事求是地讲到，他骗了爸爸妈妈，根本没有坚持练琴时，父母严厉地望着他。片刻的沉默以后，父母的反应出乎他的意料。

妈妈在餐桌的另一头朝他微笑着说道："马克斯，你对我们撒谎了，而且没能说到做到，这可不行。我想你自己也知道。"

"我当然知道，所以我很自责，"他轻声回答。

“好吧，如果以后你觉得心理负担太重了，要早点告诉我们，我们就能一起想办法。我们还以为找到了一位特别优秀的老师，没想到她明显不适合你。我觉得伊达的想法很好。老师用牙打拍子还不准别人笑，这确实不对。那我们就试一试‘钢琴凯’。你要如实告诉我们，你和他合不合得来。”

马克斯简直不敢相信自己的耳朵！他小心翼翼地望向爸爸。爸爸也微笑着点了点头。马克斯的整颗心一下子蹦得好高。他一个接一个地狠狠亲了妈妈、爸爸和伊达，然后大声宣布：“我有世界上最好的家人！”

果然，即便是跟着“钢琴凯”学习，练习也依旧不轻松。可是马克斯总是会迫使自己勤奋练习，因为凯教给他的曲目都是他喜欢的。他想要完美地弹出这些曲子来。如果出错了，老师和学生就一起笑一笑。最重要的是，马克斯的节奏感再也不会受磕牙声的干扰了。

4. 勇敢追梦

我有一个宏伟的想法——一定要亲手把我脑海中想象出来的一个模型搭建出来。搭建好以后我肯定会非常自豪的。只要一想到这个点子，我的心就高兴得发痒；只要一开始构想，我的心就兴奋地狂跳。

我兴冲冲地去向哥哥描述我的想法，他说："你的计划太大了，我的小妹妹！这是不可能实现的，还是先从简单的开始吧。"

我的心顿时像被石头压住一样沉重——那种喜悦的痒痒的感觉褪去了，勇气也消失了。我一下子感到非常难过和无力。

不过几天以后再想起这个梦想时，那种激动的感觉又回来了。我把我的梦想说给我最好的朋友听。她说："你的梦想很棒，但是太难了。我们还是一起搭一个别的吧。"

我再一次感觉到自己的勇气和快乐在减少。不知怎么回事，我就是不敢立即着手去实现我的梦想。我担心别人说的是对的——我的梦想太大了，我的计划根本就实现不了！

可是我还是对那个美妙的梦想念念不忘，终于把它告诉了爷爷。爷爷听得很认真，脸上带着微笑。

我也把哥哥和我最好的朋友的回应都告诉了爷爷，还说他们的回答让我变得瞻前顾后、犹豫不决。爷爷的回应和他们的截然不同：

“你知道吗？人们的梦想多得就像天上的星星。每天都有数不清的梦想在我们身边飞舞。它们只会停留在那些能够

认出它们、抓住它们、欣赏它们的人身上。它们只会陪伴那些它们喜爱的人。这就好比磁铁和铁块——梦想喜爱这样的人，这样的人也欣赏梦想，这样的人和梦想能相互吸引。梦想是不会停留在与它们不合的人身上的，它们会立即飞走。如果一个人不欣赏某一个梦想，那他就注意不到它，而且根本认不出它。每个人都只有靠自己才能辨别出朝他飞来的梦想到底和自己合不合适。你的哥哥和好朋友都没有体验过你想到自己的梦想时那种心痒痒的感觉。只有你自己知道你愿不愿意让你的梦想成为现实。跟着自己的感觉走，不要让其他人帮你判断你的梦想适不适合你。你想到自己的梦想时那种心痒痒的感觉和喜悦的心情，就是最好的‘指南针’。

“实现梦想需要勇气和力量。我们有时候从他人那里感受到太多的阻力，常常只能独自面对。不过如果成功了，实现了梦想，我们就会体验到一种世间少有的快乐。”

爷爷的话给了我希望，不过我还是有些顾虑：“爷爷，您说得真好。但是万一我的梦想适合我，我也适合它，但我就是没能实现它呢？”

爷爷的回答又给我注入了新的勇气：“那也没关系。不是所有的梦想都能变成现实，不过至少你尝试过了，而且在尝

试的过程中你也学到了新东西，以后也许还能用得上。努力从来不会白费，而且尝试本身也是一种乐趣——即使不能每次都成功。”

于是我鼓足勇气，兴奋又欢喜地投入到自己的计划中。我刻苦努力，冥思苦想，动手制作，大胆尝试，常常失败，又从头再来。为了自己的梦想，我埋头苦干了好多个小时、好多个日子。终于，我把自己的构想变为了现实。那个曾经朝我飞来的梦想终于实现了！

多么美好的感觉啊！我感到自豪又快乐，而且下定决心，以后再也不要让别人帮我断定我的梦想到底适不适合我——我已经明白，只有我自己才能做出这个判断，而且我还感觉到，当我不再去听别人说什么，而是相信自己的梦想，动手开干，不断想象着好的结果时，我就有了更强的动力。

爷爷说得对——我们应该勇敢追梦！

5. 大礼包里的胆小兔

艾玛因为不敢独自去街上和其他孩子们一同玩耍而难过，她问爸爸："爸爸，为什么我就这么胆小呢？"于是爸爸煮了两杯热巧克力，还额外加了一份奶油。

爸爸把艾玛抱在怀里，开始给她讲故事：

"艾玛，你知道吗？每个孩子都是一份送给爸爸妈妈的包装好了的礼物，就像一个装满了各种小礼物的大礼包。礼包里有些东西是我们喜欢的，有些是我们不喜欢的。我们一般会喜欢那些自己擅长的东西，比如跑得快，身手敏捷，唱歌好听，会用积木搭建高高的宝塔，会细心地照顾小狗，很会带着小弟弟小妹妹玩耍，擅长玩捉迷藏，一个人就能布置出漂亮的餐桌，会画最鲜艳的复活节彩蛋，可以堆出最好看的雪人，能够流利地背诵诗歌，等等。

“不过我们每个人也都有自己不擅长的事情。做不擅长的事情时，我们会觉得自己好笨，所以就不喜欢做那些事。

“有的小孩生来就缺乏耐心，容易发脾气。他们常常情绪激动，有时候还会大喊大叫，摔坏东西。这是因为，他们的大礼包里有一只暴躁熊。一旦有什么事情不合心意，他们身上的暴躁熊就出现了。即使只是一些鸡毛蒜皮的小事，他们也会嚷嚷着‘不公平！烦死了！都是别人的错！’而且他

们经常怒气冲冲的。这样他们自己也很累——谁愿意一直吼叫和咆哮呢？谁又喜欢把自己刚刚搭建好的东西给摔破砸坏呢？别的孩子害怕他们，大人们也经常被暴躁熊惹怒，所以他们没有朋友，也老是被大人责骂，常常感到孤单和难过。

“有的孩子则显得有些迟钝，始终慢腾腾的，而且总是沉浸在自己的幻想之中。他们的大礼包里有一只拖沓鼠。这只拖沓鼠有时会让他们很苦恼，因为他们做什么都比其他孩子慢一拍，他们做白日梦的时候经常听不见老师和小伙伴说的话。因为行动拖沓，他们老是被家长催促和责备。他们在幻想和拖延上耗费了大量时间，所以做学校里的功课就有些吃力，也没有太多的时间留给像骑自行车、钓鱼、爬山或者和小伙伴玩捉迷藏这样的户外活动。

“还有的小孩呢，胆子非常小。他们的大礼包里有一只胆小兔。这类孩子的观察能力相当强，能够从周围的环境中获取很多信息，而且通常担心遭遇失败。失败会让他们觉得

很挫败，所以他们不像其他孩子那样大胆，也不敢去做自己想做的事情。即使他们其实学得不错，他们也害怕做课堂测验，或者他们不敢上前去询问其他小孩自己能不能加入游戏。有时候即使爸爸妈妈锁好了门，外面的人根本进不来，他们也会担心家里有小偷闯进来。

“总有人是天生的冒险家，他们喜爱冒险，热衷于探索高山和大海。也有的人生来就是居家族，他们就喜欢舒舒服

服地窝在墙壁坚固的家里。

“胆小兔总是对它的小主人说，就待在家里吧，外面的世界太危险了。

“不一定每个人都要成为冒险家——如果没有居家族张开双臂迎接冒险家归来，倾听他们的冒险故事，那么冒险家每次冒险之后又该回到哪里去呢？

“同样，就像冒险家在紧张的冒险以后需要偶尔回家休息一样，对居家族来说，不时地离开家，去外面郊游一下也有好处。不用做危险的长途旅行，只是在家附近散散步也不错。这样居家族就可以走出自家的围墙，呼吸一下新鲜的空气，瞧瞧外面的世界有什么变化。

“你瞧，每个人的大礼包里都有美好的东西，也都有不那么好的、烦人的东西。这个大礼包是我们与生俱来的，不能和别人交换，也不能退回，因为我们每一个人都是独一无二的。当然，我们有办法让生活变得轻松一些。我们可以向暴躁熊、拖沓鼠或者胆小兔讲道理，可以告诉它们，虽然它们可以待在我们的大礼包里，但是不可以为所欲为。要让它们知道，是我们说了算，不是它们。

“爸爸可以帮你，让你的胆小兔别再老是吓唬你，这样你就敢去外面的世界走一走了。每次鼓起勇气尝试过了以后，你就会发现原来你也可以探索这个世界。如果你对自己的胆小兔说，你也想要来一场小小的冒险，它就会安静下来。冒险之后你又可以享受窝在家里的感觉啦！

“记住，你就是你！”

爸爸讲完故事以后，抱紧了艾玛，然后亲了亲她的鼻子。这时艾玛已经把她的那杯热巧克力喝完了。她微笑着看着爸爸，站起身来说："好，爸爸，那我现在就要告诉我的胆小兔，现在该睡午觉了。它睡午觉的时候，我就出去找其他小朋友玩。"

当艾玛走出门，向街上的孩子们跑去时，爸爸高兴地向她眨了眨眼。

6. 火花

在白雪覆盖的一座小村庄里，有一家人正在吃早饭。壁炉里，温暖的火焰噼啪作响，带给这个漆黑苦寒的冬日清晨一份舒适的暖意。弟弟一边喝着热可可，一边朝小屋的圆窗外望去。尽管冰晶在窗玻璃上绘满了精美绝伦的冰花，他还是能借着路灯苍白的光亮看见窗外正风雪交加。昏暗的街道上，浓密的暴风雪席卷而过。弟弟满心担忧地看着暴风雪。冬天，他不得不摸黑走很远的路去上学。下大雪的时候，他总是害怕自己会被狂风吹跑。

哥哥已经起身准备去上学了，他要去和弟弟相反的方向。哥哥注意到了弟弟忧惧的眼神，于是问道："弟弟，你是不是害怕暴风雪？"弟弟不好意思地点点头。班上有些同学叫弟弟"胆小兔"，因为他总是怕这怕那。平时弟弟生怕别

人察觉到自己的胆怯，但是现在哥哥和他说话的语气非常温柔，一点都没有嘲笑他的意思，所以他心里很踏实。对弟弟来说，哥哥的这一问就好像一个暖心的拥抱。

“来，快背上书包！我陪你跑到桥那边去。过了桥风就没那么大了，田边的房子会帮你挡风的。”弟弟吃惊地盯着哥哥：“你陪我绕了路，自己上学不会迟到吗？”“只要咱俩走快点就不会，快！可以的。”

于是弟弟高高兴兴地穿上厚外套，戴好帽子和围巾，背

上书包，亲了亲妈妈和小妹妹，然后追出家门，赶上了已经出门的哥哥。兄弟俩以弟弟的最快速度携手在风雪中奔跑。自己的手被哥哥攥在手心里，弟弟感到踏实又安心。他们跑过桥后，哥哥俯下身，看着弟弟的眼睛说："弟弟，人人都会害怕。如果你也觉得害怕，不要太在意。千万不要因为别人说你胆小就和自己怄气。你越长大，害怕的东西就会越少。以前我胆子比你还小，害怕很正常。"分别时，哥哥用胳膊

肘从身侧轻轻碰了碰弟弟，然后就朝着反方向一路狂奔了。啊，这时弟弟的心灵感受到了什么？他的心中不是闪现了一朵火花吗？这朵暖暖的火花难道不是来自哥哥的善意吗？的确，这朵小小的善意的火花在弟弟的心中跳动，即便弟弟看不见它，也能感觉到它。每当人们感受到善意时，心中就会燃起一朵这样的火花。

弟弟心怀一朵美妙的火花，嘴角边挂着一抹微笑，走进了学校。今天他觉得自己一点也不胆小，而是充满了力量，格外得自在。哥哥说了，“人人都会害怕”，所以偶尔害怕是正常的，不是什么大问题。哥哥的陪伴和鼓励化成一朵心中的火花，给了弟弟力量，他竟然在数学课上勇敢地举起了手，到黑板上解答了一道难题。今天的他简直像头熊一样有力！

课间，孩子们一起打雪仗。大家都朝身材矮小的皮耶特冲过去，往他身上撒雪，还把雪倒进他的衣服里。这时，弟弟勇敢地上前帮助皮耶特。他也挨了几个雪球，但是今天心中的火花给了他力量，让他敢于去做平时想做而不敢做的事情。上课铃响时，他看见了皮耶特脸上的微笑，知道自己赢得了一个新朋友。弟弟心中的火花点燃了皮耶特心里的火花，不过从外面是看不见这个过程的。

当弟弟出乎意料地上前帮助皮耶特时，对皮耶特来说，其他孩子的恶作剧就不算什么了，因为有人站在自己这一边，因为有人对自己表现出善意。现在皮耶特也在心里感觉到了那朵火花的力量。

皮耶特高高兴兴、精神倍增地从学校回到家中，看见妈妈疲惫而焦虑的脸庞时——妈妈工作特别忙时总是这样——他不等妈妈吩咐，就开始打扫厨房。平时他老想逃避做那些无聊的家务，但是今天他一点也不觉得无聊。他一边欢快地

吹着口哨，一边清洗并擦干昨天的碗盘，然后把它们整整齐齐地放回碗柜里。

皮耶特正要回房间写作业时，妈妈走进了厨房，看见了被打扫得干净又整洁的房间。啊，她的眼神看起来惊喜啊！皮耶特已经很久没有从妈妈的眼睛里看到这样的光彩和微笑了。妈妈紧紧抱住他，抚摸着他的头，轻声重复着："谢谢，谢谢，我的宝贝皮耶特。"

就在这一刻，那朵小小的善意的火花在无形中跃入皮耶特的妈妈的胸膛。她的心里有一种久违的温暖的感觉。

可以想象，这朵小小的火花越走越远：皮耶特的妈妈心情大好，于是和儿子一起烤了美味的巧克力蛋糕。她把其中一块送给上了点年纪的女邻居时，火花从她心中进入了女邻居的心房。女邻居感觉到了心里的火花，她想和其他人分享自己的喜悦，就向女邮递员说了几句暖心的赞扬。于是火花又从女邻居那里到了女邮递员心中。女邮递员回到家后，协助她的丈夫处理了一些平时她并不感兴趣的工作。这是因为，来自女邻居的赞扬让她心花怒放，善意的火花给了她许多力量，她想要把这份力量传递下去。

于是，每当有人友善地对待他人时，这朵小小的火花就会在人与人之间跳动。它从南跳到北，从东跳到西，就这样在全世界穿行。它拜访过因纽特人家，探望过亚马孙热带雨林里的原住民，在大都市纽约的孩子们身上停驻，还去过澳大利亚农夫的心间。每一个在心中感受到它的人都觉得安心而有力，都拥有了力量去做那些平时没想到、不敢做或者懒得做的善事。于是这朵小小的善意的火花给全世界的人都送去了温暖、力量和心安。

然而善意的火花有一个对手，那就是恶意的火花。这种火花也蕴藏着力量，不过那可不是善意和温暖的力量，而是一种冷酷而邪恶的力量。当人们不能友善相待时，就会出现这种火花。

还是在北方的那个村庄里——就是哥哥和弟弟的家乡——生活着一对勤劳的夫妇。丈夫经营着一家木匠作坊，他会用各种木材打造出精美的家具；妻子是十里八乡最好的糕点师，她能够像变魔法一样做出可口又漂亮的面包和蛋糕，然后把它们拿到附近的周末集市上售卖。就在那个风雪交加的冬季清晨，妻子想把自己做的面包和糕点搬到货车上，然后去集市出售。她问正在边喝咖啡边看报纸的丈夫可不可以帮自己一把。其实她的丈夫平时脾气还不错，但是这天早上，他只是抬眼看了妻子一眼，然后干巴巴地回了一句："没看见我正在看报吗！就不能让我安安静静地把报纸看完吗？"丈夫火药味十足的语气让妻子吃了一惊，她觉得自己的心上仿佛扎进了一根刺，不知怎么回事，整颗心一下子变得沉重起来。

她还发现，早上自己的满心干劲和喜悦之情都消失了。恶意的火花进入了妻子的心里，刺了她一下，使她的心情十

分低落。妻子一言不发地把装饰精美、香气四溢的糕点装在铁盘和箱子里，然后把它们搬上货车，没有和丈夫说“再见”就出发了。她还从来没有这么做过，心里觉得非常沉重和难受。

妻子到了集市上，摆好了自己的摊子。她和相邻的商贩打招呼时也不同往常，没什么好气，因为她还在想着丈夫对自己的恶劣态度。

接近中午时，妻子的糕点摊前照例排起了长队。一个前来买糕点的小女孩一时很难决定到底是买巧克力蛋糕、柠檬挞，还是买树莓味的蛋白脆饼，又或者是买一块浇了糖酥核桃的香蕉面包。这时妻子终于不耐烦了，她粗暴地向那个女孩吼了起来："快点！不要耽误我做生意。"小女孩害怕地看了她一眼，什么也没买就红着脸转身跑开了。小女孩也觉得心上就像被刺了一下。她完全没有料到，平时那个和和气气的糕点师会朝她吼叫。她可是一整个星期都盼着吃到这家糕

点摊上的美味蛋糕啊。糕点师的怒吼像闪电一样击中了她，让她的心情十分沉重。恶意的火花从糕点师身上不知不觉进入小女孩心中。

你应该能够想到之后发生的事：小女孩回到家，她的妹妹问她可不可以帮忙解一道很难的算术题。小女孩不耐烦地对妹妹说，她没有时间，然后摔门回自己房间去了，留下妹妹害怕又委屈地站在原地。恶意的火花又跳进了妹妹的心里，妹妹觉得很难过，面对困难的作业题目也泄了气。妹妹的朋友来找她，问她要不要出来玩，朋友想和邻居家其他孩子们一起去造冰屋。“不去！没时间！造这种东西好傻”，小妹妹气嘟嘟地说。其实她很想和朋友一起出去玩，但是恶意的火花在妹妹体内散播着坏脾气和恶劣的态度，妹妹就这样把恶意的火花传给了她的朋友。然后这朵恶意的火花又从小村庄到了大城市，再从大城市到了其他的村庄和城市，然后到了邻国，最后遍布整个世界。它在原本应该充满温暖和善意的世界上随处传播着恶意和悲伤、坏脾气和不耐烦。

到底是用善意的火花激发人们心中的喜悦和力量，让世界变得更加美好、光明和友善，还是用恶意的火花传播烦恼和坏情绪，这都取决于我们自身，取决于我们的态度和行为。仅仅是一个微笑，或是一句友善的话语，就足以在另一个人心间点燃善意的火花。

每天我们都有权决定是向世界送去一朵恶意的火花，还是一朵善意的火花。

我觉得自己很不错

我知道自己，
喜欢什么，不喜欢什么。

我知道自己，
有什么本领。
能做到什么，做不到什么。

我知道自己，
有什么优点，有什么缺点。
我欣赏我的优点，也接纳我的缺点。

我会犯错，但我不怕犯错。
我知道，错误不能代表全部的我。

我内心有一个罗盘，
它指引我行动。

我相信自己的判断。
我懂得自己的价值。

我觉得自己很不错！

上架指导 家庭生活/亲子教育
ISBN 978-7-111-74368-2
9 787111 743682 >
定价：69.80元
（含故事手册）